나는
달로
출근한다

나는 달로 출근한다

정민섭 지음

다누리에
폴캠을 실어 보낸
달 과학자의
거침없는 도전기

플루토

☾ **추천사** ☽

불가능을 가능으로 만드는 것, 그것이 바로 과학자의 삶이다. 《나는 달로 출근한다》는 한국 우주탐사의 개척자가 들려주는 진솔하고 감동적인 성장 기록이다. 달 과학자라는 직업조차 생소했던 시절, 맨땅에 헤딩하듯 시작한 한 연구자의 여정을 따라가다 보면 꿈이 현실이 되는 과정이 얼마나 치열하고 아름다운지 깨닫게 된다.

정민섭 박사는 복잡한 우주탐사 기술을 놀라울 정도로 쉽고 재미있게 풀어낸다. 학교 천문대 창고에서 먼지를 뒤집어쓰며 망원경을 찾던 이야기부터 세계 최초의 달 궤도 편광카메라를 완성하기까지, 매 순간이 생생한 드라마로 펼쳐진다. 특히 실패와 좌절, 그리고 작은 성취들이 쌓여가는 과정을 담담하면서도 유머러스하게 그려내는 솜씨가 탁월하다.

이 책을 읽다 보면 과학이 차갑고 딱딱한 것이 아니라, 사람의 온기와 열정으로 빚어지는 따뜻한 이야기라는 걸 깨닫게 된다. 우주를 꿈꾸는 이들은 물론 자신만의 길을 개척해나가고자 하는 모든 이에게 용기와 영감을 선사할 책이다.

— **강성주**(천체물리학자, 과학커뮤니케이터 항성)

달을 향한 그의 첫걸음은 먼지 쌓인 천문대 창고에서 시작됐다. 없으면 만들고, 안 되면 되게 하고야 마는 어느 지독한 달 과학자의 생생한 이야기를 따라 천문대 옥상, 야생동물이 출몰하는 주차장, 그리고 눈물과 다른 것이 난무하는 청정실로 달려가 보자. 그 여정의 끝에는 우리 달 궤도선 다누리에 실려 달 표면의 지도를 만들고 있는 편광카메라 폴캠이 기다리고 있다.

— **심채경**(천문학자, 한국천문연구원 행성탐사센터장)

인간의 고뇌와 좌절을 숨기지 않는 한 과학자의 끝없는 달에 관한 고백. '우리나라엔 아직 달 과학자가 없다'는 스승의 말에, 처음에는 '밋밋한 회색 돌덩이' 같았던 달의 세계로 방향을 틀어야 했고, '천문학, 그게 돈이 되나?'라는 냉소 속에서 꿈을 지켜내야 했던 저자의 이야기는 성공의 화려함이 아닌 한 인간의 솔직한 마음에서 시작된다. 나 또한 스승님이었던 안민수 교수님이 말씀하신 "배우는 일지를 써야 돼"라는 기본에서 시작하여 끊임없이 훈련의 시간을 보냈다. '과학과 과학이 모여 예술이 된다'는 그 스승님의 말씀이 《나는 달로 출근한다》를 읽으며 떠올랐다. 끊임없는 달 사랑, 그는 예술가다. 달을 사랑했던 그리고 지금도 사랑하는 달 예술가의 이야기를 만나보자.

— 유준상 (배우 겸 감독)

지구에서 제일 가까운 천체라서 달에 관해 이미 많이 알고 있다고 생각한다면 그건 당신의 착각이다. 과학적 탐구 대상으로서의 달은 이제 막 탐사되기 시작한 익숙한 미지의 세계. 《나는 달로 출근한다》는 달 탐사의 최전선에서 분투하고 있는 한국인 과학자가 들려주는 달에 관한 거의 모든 것을 담고 있는 이야기 상자. 이 책은 말하자면 당연해서 놓쳤던 달 이야기의 숲을 여는 문이다.

— 이명현 (천문학자, 과학책방 갈다 대표)

달을 좋아하던 아이가 자라서 달을 알아가는 과학자가 되었다. 이 문장이 보여주는 흐름은 지극히 자연스럽다. 하지만 아이가 자라 오롯한 한 사람의 어른이 되기까지의 과정이 말처럼 수월하지 않듯이, 우주에 대한 막연한 동경을 연구 대상으로 삼아 평생의 과업으로 이어간다는 것 역시 만만치 않은 과정이다. 결코 쉽지 않음을 알기에, 자칫 흩어지기 쉬운 꿈을 두 손으로 잡아낸 이들이 보여주는 '꿈 빚기' 과정을 마주하는 건 늘 설렌다. 그러한 여정을 함께 따라가는 경험은 언제나 존재에 대한 감동으로 이어지기 마련이므로.

— 하리하라 (이은희, 과학커뮤니케이터)

저자의 말

2022년 12월 22일, 대전광역시에서 40만 킬로미터 떨어진 달을 향하던 다누리가 달 궤도 진입을 시도했다. 지구 밖 천체의 궤도에 안착하는 우리나라 첫 탐사선이었다. 달 궤도 안착 후 곧바로 달 표면 관측을 시도하도록 광시야 편광카메라에 명령을 내려놓은 상태였다. 40만 킬로미터 밖에서 촬영된 사진은 그 먼 거리를 날아와 경기도 여주시의 심우주 안테나를 통해 내 컴퓨터에 전달되었다. 곧바로 다누리로부터 온 원시 자료를 자료 처리 프로그램에 입력했고, 20여 분이 지나자 다누리가 보내온 우리나라의 첫 달 궤도 사진이 내 컴퓨터 화면에 나타났다.

인류가 지구를 벗어나 우주에 도달한 지 70여 년이 지났다. 1957년 소련이 보낸 스푸트니크 1호가 지구의 인공위성이 되었을 때 인류는 금방이라도 우주를 정복할 수 있을 것이라 여겼다. 마치 아메리카 대륙을 '정복'했듯이. 스푸트니크 1호의 성공 이후 미국과 소련은 경쟁적으로 우주를 탐사했고, 우주를 정복하는 국가가 전 세계 패권을 장악할 수 있다고 믿었다. 두 나라는 1958년 첫 달 탐사선을 발사한 뒤로 21년 동안 99개의 달 탐사선을 발사했고, 역사적인 인간의 달 착륙도 이 시기에 이루어졌다. 그러나 미국의 아폴로 계획과 소련의 루나 계획이 종료된 다음부터 인류는 무려 12년 동안 달에 가지 않았다. 왜 그랬을까?

우주는 고요했으며 척박했고 인류에게 배타적이었다. 인류는 지구 밖에서 생존하기 위해 모든 역량을 집중해야 했지만, 할 수 있는 일이 사실상 전무했다. 단지 우주에 떠 있기만 해도 큰 비용을 지불해야 했다. 한마디로 수지타산이 맞지 않았던 것이다. 경제성을 고려하지 않는, 과학 발전을 위한 우주탐사만이 조금씩 진행돼왔을 뿐이었다.

이제는 달라졌다. 로켓 재사용 기술 덕분에 우주로 나가는 가장 큰 진입 장벽이었던 발사 비용이 크게 줄었으며, 위성을 만들기 위한 부품들 역시 매우 저렴해졌다. 마음만 먹으면 일반인도 자신만을 위한 큐브위성을 만들어 우주로 보낼 수 있는 수준이 되었다.

단순히 비용이 저렴해졌다고 해서 우주시대가 열린 것은 아니다. 우주에서 할 수 있는 일들이 많아졌다. 통신기술의 발전으로 이미 우주 인터넷 서비스가 제공되고 있으며, 달에 풍부하다고 알려진 차세대 에너지원 헬륨-3도 주목받고 있다. 지구에서 아주 희

귀한 희토류도 달에서는 상대적으로 쉽게 채굴할 수 있을 것으로 기대하고 있다. 이제는 수지타산을 맞출 수 있다고 믿는 것이다.

우주탐사를 추진하는 이유가 단지 경제적인 측면 때문만은 아니다. 국가의 영역 확장, 방위, 기술개발의 장으로도 적극 활용할 수 있다. 그래서 우리나라도 우주탐사를 위한 중장기 계획을 수립하여 국가적으로 힘을 쏟고 있다.

우리나라 우주탐사 계획에서 첫 달 탐사선인 '다누리'는 매우 중요한 의미를 가진다. 다누리는 우리나라 최초로 지구를 벗어난 탐사선이다. 그동안 우리나라가 쏘아 올린 위성들은 지구의 중력 안에서 궤도운동을 하는 지구의 위성이었다. 그러나 다누리는 지구의 위성이 아니라 달을 중심으로 도는 위성이다. 이 차이는 굉장히 크다. 우리는 다누리를 통해 지구의 중력을 벗어나 목표한 지점까지 도달할 수 있는 능력을 갖추게 되었으며, 지구 외 천체의 중력을 이용해 궤도운동을 할 수 있는 위성 정밀 제어 능력을 확보했다. 또 40만 킬로미터 떨어진 위성을 조작하고, 그곳에서 얻은 자료를 지상으로 내려받아 분석할 수 있는 통신 능력까지 갖추게 되었다. 다누리를 통해 심우주를 탐사할 수 있는 능력을 확보한 것이다.

2022년 8월 5일 발사된 다누리는 같은 해 12월 17일, 달 궤도에 진입해 과학자들의 염원이던 달 궤도 임무를 수행 중이다. 다누리는 1년간의 임무 기간을 목표로 했지만, 2025년인 지금까지 잘 작동하고 있으며 2028년 3월 3일 달 표면에 충돌하는 것으로 임무를 마칠 예정이다.

    우주는 다시 인류의 무대가 되고 있다. 더 이상 머나먼 꿈이 아니라 현실로 다가오고 있다. 이 시점에서 나는 우리나라의 첫 지구 밖 여정인 다누리의 개발 과정을 독자들과 나누고 싶었다. 한 사람의 국민으로서, 그리고 국가 프로젝트에 참여한 과학자로서 기록해두고 싶었다. 하지만 이 이야기를 단순한 보고서처럼 건조하게 풀어가고 싶지는 않았다. 그 속에 숨겨진 이야기들이 많기 때문이다.

    《나는 달로 출근한다》는 한 대학원생이 과학자가 되어가는 여정과 우리나라의 달 탐사선 다누리가 완성되어가는 과정을 기록한 글이다.

2025년 7월

정민섭

차례

추천사 **4**

저자의 말 **6**

PART 1
달로 가는 길

1장 달 탐사선 하나 없는 나라의 달 과학자 …… 16

천문학, 그게 돈이 되나? **17**

갑자기 달 과학을 해보라고요? **20**

달 탐사선 하나 없는 나라의 달 과학자 **25**

달의 편광지도가 없는 이유 **29**

호수 옆 천문대 **32**

2장 세계에서 가장 오래된 천문대 창고에서 시작된 달 과학 …… 38

릭 천문대에 가다 **39**

세계 최고의 천문대 창고에서 시작된 달 과학 **43**

40시간이 넘는 하루 **48**

야생동물의 습격 **56**

독일에서 만난 귀인 **65**

3장 **달 탐사를 꿈꾸다** ······ 72

첫 발표가 베스트 73
행성과학 어벤져스의 시작 80

4장 **우리도 달에 갑니다** ······ 84

대한민국, 달 탐사 경쟁에 합류하다 85
3년 만에 달에 갈 수 있을까 90
뜬금없는 사전공모의향서 모집 98
엔지니어가 없는 과학탑재체 연구팀 103
과학탑재체 공모에 선정되다 109
다누리의 탑재체들 111

PART 2
우주탐사 과학탑재체 폴캠

5장   **폴캠 개발에 돌입하다** …… 118

천문연에서의 새로운 시작 **119**

복잡한 우주탐사 시스템 개발 **124**

첫 다누리 연구자 모임 **137**

과학탑재체, 우주 임무의 꽃 **139**

나는 과학자인가, 공학자인가 **147**

폴캠의 광학 설계 결정 **154**

폴캠 개발 과정에서 알게 된 과학자와 공학자의 차이 **161**

초심을 잃은 나 **168**

달 과학자는 순수하지 않은 과학자일까 **171**

원궤도를 사수하라 **175**

6장 다누리를 발사하는 날까지 ⋯⋯ 182

무게 또 무게 **183**

우주탐사 분야에서 NASA의 영향력 **190**

시험 넘어 시험 **197**

우주로 간 나의 DNA **202**

6년에 걸친 폴캠 개발의 끝 **207**

폴캠을 무사히 보내기 위한 최종 리허설 **211**

긴장 속 발사 **218**

First light, 찐빵? **224**

달 사진 도착! 2번 카메라의 이상? **230**

달 탐사를 넘어 **235**

PART 1

달로 가는 길

1장

달 탐사선 하나 없는 나라의 달 과학자

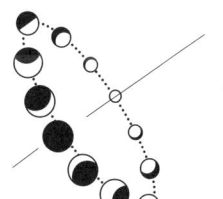
천문학, 그게 돈이 되나?

중학생이 됐을 무렵 누군가 '꿈이 뭐니?'라고 물으면 항상 '천문학자'라고 답했다. 그때는 천문학자가 정확히 무얼 하는 사람인지도 몰랐다. 다만 우주가 좋았고, 우주를 생각하는 것이 좋았다. 우주는 상상할 수 없을 만큼 넓어서 모든 공상이 가능한 곳이다. 초등학생이 영화 〈아바타〉에 나오는 나비족이 실존한다고 주장하더라도 반박하기 어려울 만큼. 그래서 정답이 없는, 우주를 배경으로 한 공상은 늘 자유로웠다.

공상은 주로 과학책을 읽을 때 시작됐다. 지금은 인터넷의 발전으로 누구나 쉽게 우주 사진을 접할 수 있고, 한 번쯤은 제임스웹 우주망원경이나 허블 우주망원경이 찍은 멋진 우주 사진을 봤을 것이다. 하지만 내가 중학생이었던 때는 서점을 가야만 우주 관련 사진이나 그 설명을 볼 수 있었다.《뉴턴》이나《과학동아》같은 과학잡지들에서 자주 다루곤 했다. 한 달을 기다려 만난 과학잡지의 주제가 우주일 때는 그렇게 기쁠 수 없었다. 허블 우주망원경이 찍은 사진을 보면서 내 머릿속에서 몇 번이나 우주를 분해하고 재조립했는지 헤아릴 수 없다. 그러다 공상 속 일들이 실제로 가능한지 궁금해지기 시작했다. 그럴 때면 어려운 한자 용어가 가득한 책을 봤다. 중성미자中性微子 같은 단어가 무수히 쓰여 있어 읽을 수는 있어도 그 뜻을 알 수는 없었다. 그래도 뭔가를 알아냈다는, 알 수 없는 포만감이 나를 채우는 느낌에 행복했다.

어른들은 친하지 않은 어린이와 같이 있으면 딱히 궁금하지 않아도 '넌 꿈이 뭐야?' 하며 묻곤 한다. 아이의 부모가 옆에서 듣고 있어도 실례되지 않으면서 적당히 아이의 관심사를 이끌어낼 만한 질문이다. 가벼운 인사와 같다. 그런데 나는 누가 꿈에 대해 물으면 지나치게 열성적으로 바뀌는 아이였다. 나는 천문학자가 되는 것이 꿈이라고 답하는 동시에 우주에 관해 떠들곤 했다. 정확한 이유는 몰랐지만 그렇게 말하는 내가 좋았다. 어른들의 반응은 그다지 열성적이지 않았다. 누군가는 애정 어린 시선으로, 누군가는 한심하다는 시선으로 되물었다.

'천문학? 그게 돈이 되나? 공부해서 판검사가 되거나, 좋은 대학을 나와 좋은 직장에 들어가 월급이나 따박따박 받으며 사는 게 행복이다.' 어른들의 30퍼센트는 이렇게 말했고 69퍼센트는 무관심했으며, 1퍼센트의 어른들만이 진심으로 나의 꿈을 지지해줬다. 그 1퍼센트가 나의 부모님이었다. 우리 집은 부유하지는 않았지만, 나는 유복한 사람이었고 지금도 그렇다. 부모님의 절대적인 사랑과 지지를 받으며 어려운 가정 형편에도 남부럽지 않은 환경에서 공부했다. 농구가 하고 싶다고 하면 농구화를 사주셨고, 학원을 가고 싶다고 하면 학원에 보내주셨다. 주변에는 부유한 친구들이 많았지만, 그들이 부러웠던 적은 없었다. 오히려 나는 우리 집이 부자라고 생각하기도 했다. 나중에 안 사실이지만 그때가 우리 집이 가장 가난한 시절이었다.

중학교 때 아버지가 정크시장(일종의 오프라인 당근마켓)에서 사다주신 4인치 반사망원경은 지금도 우리 집 창고에 있다. 나중에 들은 이야기로는 그 망원경을 팔던 사람에게 '이 망원경은 우리 아들 것이니 다른 사람에게 팔지 마세요'라고 당부한 뒤 집으로 돌아와 돈을 가지고 다시 가셨다고 한다. 안산에서 서울까지 왕복 2시간 30분 이상 걸리는 거리였다. 당시에는 카드보다 현금을 주로 썼던 때라 현금이 많지 않았던 아버지는 현금을 가지러 집까지 되돌아오셨던 것이다. 어느 날 아침 일어나 거실에 나갔더니 망원경이 설치돼 있었다. 깜짝 놀라 어머니를 보니 흐뭇한 표정으로 날 바라보고 계셨다. 아버지는 밤사이 나 몰래 망원경을 조립해 거실에 설치해놓느라 피곤한 탓에 주무시고 계셨다. 그 망원경은 타스코 Tasco의 보급형 망원경으로 그리 좋은 망원경은 아니었다. 실제 가치보다도 비싸게 샀지만, 거래할 때 치른 가격보다 훨씬 많은 가치를 만들어냈다. 부모님이 진심으로 나를 응원해주시고 있다는 것을 알게 해줬으니 말이다. 내 꿈이 단순한 공상에서 현실로 나온 때였다.

천문학, 그게 돈이 되나? 한국천문연구원의 심채경 박사는 그의 책《천문학자는 별을 보지 않는다》에서 천문학자를 '우주를 깊이 생각하는 무해한 사람들'이라고 정의했다. 그의 정의처럼 천문학자는 어떤 가치를 창출하기 위해 행동하는 사람들이 아니다. 애초부터 행위에 결과를 바라지 않으니 저 질문은 성립되지 않는다.

나는 무해한 사람인지는 모르겠지만, 우주를 깊이 오래 생각하는 사람이다. 이때부터 나는 이미 천문학자였을지도 모르겠다.

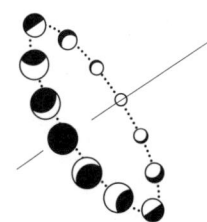

갑자기 달 과학을 해보라고요?

우리가 사는 지구는 크기를 헤아릴 수조차 없는, 텅 빈 공간 안에 놓인 작은 공의 표면이다. 우리는 우주를 시뮬레이션한다면 너무 하찮아서 무시할 수 있는 작은 공간에 살고 있다. 이런 관점이라면 인간이 사는 지구는 평면일 수도 있다. 천체물리학 분야에서는 우주의 진화를 연구하기 위해 우주를 컴퓨터로 시뮬레이션한다. 이런 컴퓨터 시뮬레이션에서는 지구인에게 절대적인 태양도 단지 하나의 점으로 표현한다. 우주에 있는 수많은 별 하나하나를 세밀하게 표현할 필요가 없다. 그러니 태양의 130만분의 1 크기인 지구는 우주에 아무런 영향을 주지 못하며, 무시할 수 있을 만큼 하찮다. 이 시뮬레이션의 관점에서 봤을 때 지구의 표면은 2차원으로 단순화해도 크게 틀리지 않다. 인간에게는 지구가 평평하다고 느낄 만큼 거대한 공인 지구가 우주적 관점에서는 3차원으로 표현하는 것이 민망할 정도의 공간이다. 자신의 공간이라고는 우리 동네와 옆 동네가 다인 어린아이가 생각만으로 거대한 우주를 수없이 만들고 부수어볼 수 있다니 얼마나 매력적인가. 공상의 힘이다. 누군가는 쓸데없는 생각이라 하겠지만, 이런 과정에서 나는 깊게 생각하는 법을 배웠다.

나는 결국 천문학과로 진학했고, 천문학 분야 가운데서도 은하의 생성 과정과 진화를 연구하는 것에 흥미를 느꼈다. 학과를 졸업하고 이 주제를 더 공부하고 싶어 관련 분야의 연구실들을 조사하고 직접 찾아가 면담하며 대학원 진학을 준비했다. 그리고 김성수 교수님의 연구실에서 한 번 더 면담한 다음 대학원생이 되었다.

대학원에 입학해 은하 시뮬레이션 연구 분야를 탐색하는 일부터 시작했다. 교수님의 추천을 받아 나에게 가장 적합한 연구논문을 선택하고, 그 논문을 기반으로 해당 분야를 공부하며 깊이 이해해나갔다. 추천받은 논문에서 인용한 다른 연구논문들을 차례로 찾아 읽고, 그 논문들이 또다시 인용한 연구들을 탐구하는 방식으로 분야를 체계적으로 파악해갔다. 과거의 연구논문부터 차례대로 공부하는 방법도 있겠지만, 이런 접근 방식은 중요한 연구를 놓치거나 영양가 없는 논문에 시간을 낭비할 수 있다. 일반적으로 중요한 논문은 계속해서 인용되므로 최신 연구논문부터 거슬러 올라가는 방식이 효율적이다. 거의 10개월가량 은하 시뮬레이션 분야의 연구와 컴퓨터 시뮬레이션을 공부하던 어느 날, 교수님이 나를 부르더니 프린트된 논문을 하나 건넸다.

"민섭 군이 이런 일을 해보는 것은 어떤가? 앞으로 우리나라도 우주탐사를 시작할 것이고 분명히 달 탐사부터 진행될 텐데, 우리나라에 아직 달 과학자가 없어. 민섭 군이 새로운 것을 시도하는 데 거부감이 없고, 달 과학 분야에 관심이 생기면 좋은 기회가 많이 생길 것이라고 생각하네."

달 과학이나 행성과학 분야에도 관심은 있었다. 학창 시절 가지고 있던 망원경과 쌍안경이 각각 114밀리미터 구경과 80밀리미터 구경이었다. 이 정도 소구경 망원경으로는 달, 목성, 토성 등 행성과 일부 밝은 성단을 관측하는 게 전부였지만, 당시 많은 밤을 달과 행성을 관측하느라 지새우다 보니 달이나 행성에 대한 관심도 자연스럽게 높은 편이었다. 다만 거대한 우주의 비밀을 풀기 위해 천문학자가 되겠다던 치기 어린 대학원생에게 달은 너무 가까이 있는 작은 천체였다. 내가 왜 우주를 동경하게 되었던가. 상상할 수도 없는 거대한 크기와 긴 역사 속에 숨겨진 수많은 비밀을 내가 풀 수 있다면, 보잘것없고 티끌만 한 내가 우주를 이해할 수 있다면 너무도 멋질 것 같았기 때문이다. 그런데 달이라니!

지도교수님이 추천한 달 과학 연구가 좋지만은 않았다. 형형색

색의 별들과 아름다운 성운, 다양한 형태의 성단들이 혼합된, 거대한 천체 집합인 은하에 비해 달은 너무 작고 황량하고 밋밋한 회색의 돌덩이일 뿐이었다. 보석과 그림, 샹들리에로 치장되어 있는 비밀의 방에서 거미줄이 가득한 회색 콘크리트 지하실로 내려온 기분이었다. 지도교수님이 준 논문을 책상 위에 아무렇게나 두고 그동안 못 읽은 책을 읽으며 사나흘을 보냈다. 하지만 일주일도 안 돼 다시 책상에 앉고 말았다. 일주일에 한 번씩 교수와 학생들이 갖는 회의인 랩 미팅에 참여하려면 미루고 미루던 그 논문을 읽을 수밖에 없었다. 우크라이나의 천문학자 유리 슈쿠라토프Yuriy Shkuratov가 달 표면을 편광 관측한 자료를 분석한 다섯 장짜리 짧은 논문이었다.

사흘 내내 논문을 읽고 보니 내가 모르는 것투성이었다. 달은 가깝지만 멀었고, 무채색의 암석이었지만 그 안에는 다양한 역사가 있었다. 지구에서 가까워 자세히 관측할 수 있었기에 그동안 이뤄진 세밀하고 밀도 있는 연구들이 차츰 나의 공상 회로를 가동시키고 있었다. 달 과학은 관측을 통해 분석한 연구 결과들을 직접 가서 검증할 수 있다는 점에서 다른 천문학 분야와 완전히 달랐다. 달 과학은 달 탐사선이 수집한 자료를 분석해 기존 연구들을 검증하고 또 새로운 이론들이 만들어지고, 이론을 검증하기 위해 새로운 탐사선을 보내는 아주 활동적인 분야였다.

가장 흥미로운 점은 달의 역사가 지구의 역사와 연결되어 있다는 것이다. 달과 지구를 영어로 The Earth-Moon system이라고 한다. 둘은 하나의 시스템으로 서로에게 연결되어 있다는 의미다. 둘은 (거의) 같이 태어났고 평생을 함께 살아온 동반자와 같아서 서로 공유한 태양계 진화의 역사가 같다. 지구에서는 알 수 없는 지구의 역사를 알고 싶다면 달을 연구해야 한다. 연구자들은 지구의 역사를 알아내기 위해 지구의 표면이나 내부 구조 등 현재 지구의 상태를 관측하고 과거에 어땠는지를 추정한다. 그런데 지구에서는 비바람이나 지각변동으로 역사의 흔적이 모두 지워져버리고 만다. 따라서 아주 오래된 과거를 알 수 있는 방법이 제한적이다. 반면 달은 모든 흔적을 오롯이 가지고 있다. 달에는 비가 내리지 않고 바람도 불지 않으며, 강도 바다도 없다. 덕분에 한 번 생긴 흔적은 사라지지 않고 오랜 시간 동안 보존된다. 마치 지구 역사의 백업처럼. 비도 바람도 강도 바다도 없이 고요하기 때문에 역설적으로 가장 역동적인 연구 분야라니 매력적이었다.

며칠간 읽은 논문들에 담긴, 우리가 할 수 있는 연구 주제에 관해 지도교수님과 몇 시간 동안이나 즐거운 대화를 나누었다. 그 대화 끝에 나는 달 과학자가 되기로 마음먹었다.

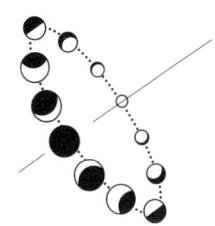

달 탐사선 하나 없는 나라의 달 과학자

천문학은 아마 제일 오래된 학문일 것이다. 오래된 만큼 천문학에는 여러 분야가 있다. 우주의 생성과 진화를 논하는 우주론뿐만 아니라 은하를 연구하는 은하천문학, 별을 연구하는 항성천문학, 행성계를 연구하는 행성과학 등이 있다. 이 가운데 행성과학은 최근 들어 본격적으로 발전해온 분야다. 과거에도 행성과학이 있었지만 다른 천문학 분야와 구분되는 특별한 점이 없었다. 천문학은 어떤 분야든 망원경으로 천체의 빛을 관측하고 자료를 분석해 특성을 알아낸다. 그런데 최근의 행성과학은 관측 대상에 직접 가볼 수 있다는 점에서 다른 천문학 분야와 특별히 구분된다.

2015년 7월 14일, 뉴허라이즌스호New Horizons가 명왕성을 근접 탐사함으로써 태양계 내 주요 천체 모두에 인간이 만든 탐사선이 직접 방문해 관측을 수행했다. 또한 2013년에는 보이저Voyager 1호가 태양계를 벗어나 성간우주로 진입하면서 인간은 태양계의 모든 영역을 탐사할 수 있는 능력이 있음을 보여주었다. 인력과 예산을 투입하면 태양계 어디든 가서 사진을 찍어볼 수 있다는 뜻이다. 다른 천문학 분야에서는 꿈도 못 꿀 일이다. 태양 말고 지구에서 가장 가까운 별인 프록시마 켄타우리조차 빛의 속도로 4.2년이 걸리며, 킬로미터로 환산하면 약 40조 킬로미터다. 1977년 발사한 보이저 1호가 36년이 지난 2013년에야 태양계의 경계 어딘가에 도달했으니, 현재 기술로 태양계 밖에 있는 천체를 탐사한다는 건 아직 꿈 같은 이야기다.

반면 행성과학은 직접 탐사할 수 있으므로 원격 관측으로 얻어낸 연구 결과를 검증할 수 있다. 2013년 미국 행성과학자 로렌츠 로스Lorenz Roth 박사의 연구팀이 허블 우주망원경을 이용하여 목성의 위성인 유로파의 표면에서 수증기가 뿜어나온다는 사실을 발견했다. 유로파 내부에 액체 상태의 물이 존재한다는 것을 알려주는 강력한 증거였다. 목성은 태양으로부터 5.2AU, 즉 7억 7,800만 킬로미터나 떨어져 있어 굉장히 추운 곳이다. 태양 외 열원이 없다면 유로파의 물은 당연히 얼음 상태여야 하는데, 액체 상태의 물이 존재한다는 것은 태양 외 열원이 있다는 뜻이다. 그 열원은 해양 열수구일 확률이 아주 높다고 추측한다. 지구의 생명이 해양 열수구에서 기원했다는 유력한 가설 때문에 유로파의 바다에도 생명이 있을 확률이 높다고 생각하는 것은 당연한 귀결이다. 유로파에 진짜 생명이 있는지 확인하기 위해 미국항공우주국(이하 NASA)은 2024년 유로파 클리퍼Europa Clipper라는 탐사선을 보냈다. 다른 천문학 분야에서는 대상을 '관측'만 할 수 있지만, 행성과학은 대상을 '탐사'할 수 있다는 장점이 있다.

전통적인 천문학에서는 오직 빛을 통해서만 대상의 정보를 얻어낼 수 있다. 그래서 사실상 망원경이 유일한 관측도구다. 하지만 행성과학에서는 대상에 접근할 수 있기 때문에 행성의 자기장, 떠다니는 먼지, 뿜어나오는 수증기 등을 직접 검출할 수 있다. 이로 인해 더 다양한 종류의 관측기기를 사용할 수 있고, 다양한 종류의 관측 자료를 활용해 연구할 수 있다. 그래서 행성과학은 공학과 가장 가까운 분야이기도 하다. 우주탐사선, 과학 임무 탑재체들은 그야말로 최첨단기술의 집약체다. 이런 기술들은 매우 비싸서 행성과학 분야에서 경쟁력을 가지려면 국가가 주도하는 우주탐사 임무가 필수다. 그러나 나는 달 탐사선 하나 없는 나라의 달 과학자였다.

우주탐사선이 없다고 해서 행성과학 연구를 못 하는 것은 아니다. 지상망원경을 이용해 관측 자료를 얻을 수도 있고, 다른 국가에서 보낸 탐사선의 관측 자료를 이용할 수도 있다. 과학은 공유를 통해 발전해나간다. 각자의 연구 결과를 논문으로 공유하고, 그 결과에 대한 생각을 학회에서 공유한다. 심지어 돈을 내고 연구 결과를 공유한다. 논문을 출판하려면 적게는 수십만 원에서 많게는 수백만 원의 비용이 들고, 학회에 가려면 참가비를 내야 하며 출장을 가는 것만으로도 여비가 든다. 그럼에도 연구자들은 자신의 능력이 닿는 대로 최대한 논문을 쓰고 학회에 가려고 노력한다.

천문학 분야의 관측 자료를 포함하여 과학 자료는 대부분 공개되어 있다. 수천억 원이 들어간 화성 탐사선의 과학 자료도 인터넷에서 클릭 몇 번만 하면 손쉽게 얻을 수 있다. 아무런 자격이 필요치 않다. 웹사이트 아이디조차 만들지 않아도 된다. 단 수천억 원이 들어간 우주탐사 프로젝트에 수년 이상 참여한 연구자들을 위해 일종의 특전으로 6개월에서 1년 정도의 관측 자료 독점 기간을 둔다.

탐사선을 개발하는 데 보통 6~7년 정도 걸리고, 탐사선이 탐사 대상까지 가는 시간이 또 든다. 달은 며칠에서 몇 개월이면 도달하지만, 명왕성 탐사선 뉴허라이즌스호는 2006년 1월 19일에 발사해 2015년 7월 14일에 도착했으니 거의 10년이 걸렸다. 2001년 6월에 시작된 명왕성 탐사 프로젝트에 참여한 과학자들은 탐사선 개발에 5년, 발사 후 명왕성에 가는 데 걸린 10년을 더해 약 15년을 기다린 것이다. 오랜 노력에 비해 관측 자료의 공유는 거의 즉각적이다. 그래서 우주탐사 임무 기회가 없는 국가의 과학자들도 행성과학 연구를 수행할 수 있다. 다만 다른 연구자가 설계하여 운영된 관측 자료는 자신의 연구 주제와 어울리지 않는 경우가 많아서 연구 목적에 맞는 탐사기기가 필요하다.

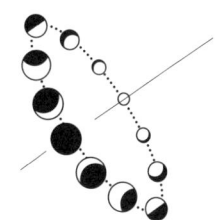

달의 편광지도가 없는 이유

나는 달 표면을 편광 관측하여 자료를 분석하는 것을 연구 주제로 정했다. 주제를 편광으로 정한 이유는 여러 가지였지만 무엇보다 이상하리만큼 달에 관한 편광 자료가 없었기 때문이다. 행성과학자의 학회에는 매년 수천 명씩 모여 수천 건 이상의 발표를 한다. 그런데 편광으로 한 연구는 거의 없다시피 했다. 왜 그럴까?

지구를 벗어나야 하는 로켓은 적도에서 동쪽으로 쏘아 올리는 것이 유리하다. 지구 저궤도(약 300킬로미터 고도)에 인공위성을 올리려고 한다면 위성의 속력이 초속 약 7.8킬로미터는 돼야 한다. 지구는 동쪽 방향으로 초속 약 0.39킬로미터 속도로 자전하고 있다. 적도에서는 가만히 서 있기만 해도 공짜로 초속 0.39킬로미터의 속도를 더 얻는다는 말이다. 초속 0.39킬로미터의 속력을 더 내려면 로켓 연료를 더 실어야 하므로 로켓도 무거워지는데, 추가된 로켓 연료의 무게 때문에 또 연료가 필요하다. 로켓을 적도에서 동쪽으로 쏘아 올릴 때와 극지방에서 쏘아 올릴 때를 비교하면 위성이 되기 위한 속력으로는 5퍼센트가량 차이 나지만, 실제 효율은 20퍼센트 이상 차이 난다. 같은 속력이 되기 위해 더 많은 연료가 필요하기 때문이다. 따라서 지구를 벗어나는 대부분의 탐사선은 적도 부근에서 지구의 자전 방향으로 발사하며, 이런 이유로 탐사선은 자연스럽게 적도 평면을 도는 궤도를 가지게 된다. 그리고 탐사선의 궤도면과 달의 공전궤도면도 가깝다. 달은 지구의 적도 근처에서 공전하고 있기 때문이다. 발사된 탐사선이 어디로 향하든 달 궤도면을 지나게 되므로 지나가는 길에 달 사진도 한 번 찍고, 자기장도 한 번 측정해보고, 레이더 관측도 한 번씩 해본다. 과학자들은 어떻게든 기회만 있으면 측정하고 관측하려 한다.

지금까지 탐사선이 140여 번 달을 방문했다. 방문 횟수는 꽤 많지만 대부분 달을 스쳐 지나가며 한 번씩만 관측했다. 이를 플라이바이fly-by라고 한다. 지구를 벗어난 140여 개의 탐사선이 적어도 한 번은 달에 들러 탐사선이 가진 장비를 총동원해 인증 샷을 찍었는데, 천문학에서 가장 흔하게 쓰이는 관측 방법 가운데 하나인 편광 관측 자료는 왜 없을까? 달 과학이 폭발적으로 발전했던 이유는 20세기 중반 러시아(구 소련)와 미국의 달 탐사 경쟁 때문이다. 아직도 이 시기에 발사된 달 탐사선의 수가 전체 달 탐사선 수의 절반 이상을 차지할 정도다. 두 국가의 경쟁적인 달 탐사 러시는 인류에게 달에 관한 수많은 정보를 제공했다. 이 과정에서 많은 과학자가 달 탐사 임무에 투입되었다. 당시 달에 사람을 보내는 것이 목표였던 미국은 반드시 달의 지형을 자세히 알아야만 했다. 달 표면 지형에 관한 지식 없이 사람을 보내는 것은 너무 위험했다. 지형이나 지질을 깊게 이해하는 사람은 지질학자였기에 자연스럽게 달 과학 분야에 지질학자들의 참여가 많아졌다. 더군다나 달 표면에 처음 도착하면 달 표면 자체가 궁금하고 의문이 많을 수밖에 없다. 달 주변의 우주 환경이나 달과 지구의 상호작용 같은 천문학 분야 연구보다 지질학 분야 연구가 더 흥미로웠을 것이다. 지금도 달 과학 분야는 지질학자들이 다수를 차지한다.

그런데 지질학자들은 편광을 원격 관측의 수단으로 여기지 않은 것 같다. 천문학에서는 정보의 전달이 오로지 빛으로만 이루어진다. 따라서 빛에서 얻어낼 수 있는 모든 정보를 얻고자 부단하게 노력한다. 천문학에서 빛을 측정하는 방법으로 크게 측광, 분광, 편광이 있다. 측광은 빛의 세기를 측정하고, 분광은 빛을 파장(색)에 따라 분류해 측정하고, 편광은 빛의 진동 방향을 측정한다. 다르게 말해 천문학에서는 이 세 가지 말고는 빛을 측정할 방법이 없다. 어떤 흥미로운 대상이 있다면 이 세 가지 관측을 꼭 수행한다. 지질학은 그렇지 않다. 연구 대상이 있는 곳에 직접 가서 샘플을 가져와 무게와 밀도를 측정하고, 현미경으로 관찰하고, 잘게 부수어보거나 가열해본다. 굳이 편광 관측을 하지 않아도 된다. 그래서 아직 달 표면 전체를 제대로 편광 관측을 한 적이 없다. 지도교수님과 나는 달 앞면의 편광지도를 만들기 위해 관측을 계획했다.

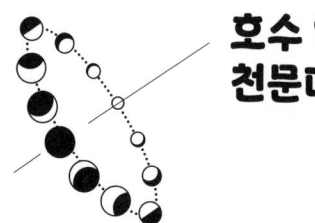

호수 옆 천문대

　천문학자의 관측 계획은 관측 제안서를 작성하는 것에서 시작하고, 관측 제안서는 연구에 적합한 망원경을 찾는 것에서 시작한다. 일단 꿈은 크게 가져야 하니 허블 우주망원경으로 관측하면 달이 어떻게 보이는지 검토해본다. 이제 막 대학원에 들어와 연구 주제를 정한 대학원생도 허블 우주망원경을 써야겠다는 마음을 먹을 수 있고, 실제로도 가능하다. 세계에서 가장 인기 있는 망원경인 만큼 관측 제안서를 세계에서 가장 잘 써야 하지만 말이다.

　망원경은 일종의 거대한 DSLR Digital Single-Lens Reflex 카메라와 같다. DSLR 카메라는 본체는 그대로 두고 앞의 렌즈를 교체해가며 다양한 화각의 사진을 담는다. 반면 망원경은 거대한 망원경의 본체는 그대로 두고 뒤에 달린 카메라의 종류를 바꿔가며 용도에 맞는 영상을 얻는다. 허블 우주망원경도 지상망원경과 크게 다르지 않다. 우주에 있는 망원경이라서 관측을 할 때마다 카메라를 교체할 수 없으니 지상에서 카메라를 용도에 따라 전환할 수 있는 장치가 있을 뿐이다.

　허블 우주망원경의 카메라 가운데 달 편광 연구에 가장 적당한 카메라는 광시야 행성카메라WFPC, Wide Field Planetary Camera였다. 편광 관측을 할 수 있고, 관측 파장도 가시광 영역을 가지고 있어 우리의 연구 목적에 가장 가까웠다. 그런데 시야가 12.7″×12.7″(초각 arcsecond, 1″는 3,600도분의 1)로 1,800″×1,800″인 달에 비해 너무 좁은 영역만 볼 수 있다는 점이 한계였다. 천구상에서 달의 크기를 농구공에 비유하면, 허블 우주망원경이 볼 수 있는 시야의 크기는 쌀한 톨 정도다. 결국 허블 우주망원경은 제외시켰다.

허블 우주망원경을 제외한 다음 국내에서 사용할 수 있는 망원경들과 해외 천문대의 유명한 망원경들도 살펴봤지만, 우리 연구 목적에 적당한 망원경은 없었다. 달 앞면의 편광지도를 만들어 분석하려면 달 전체가 한 화각에 들어오는 망원경이 필요했다. 달은 하늘에서 가장 큰 천문학적 대상 가운데 하나다. 천문학적 대상은 점에 불과하기 때문에 넓은 시야의 망원경이 흔하지 않다. 넓은 시야를 가진 망원경들의 이름에는 광시야, wide field 같은 수식어가 붙는다. 나에게는 망원경의 시야가 중요했다. 큰 망원경은 시야가 좁고, 작은 망원경은 시야가 넓어서 달을 관측할 때는 작은 망원경이 유리하다. 어두운 천체를 잘 관측하려면 큰 망원경을 써야 하지만, 달은 하늘에서 두 번째로 밝은 천체라서 큰 망원경이 필요하지 않다.

나는 학교 천문대에서 우리 연구 목적에 적합한 망원경을 찾아보기로 했다. 학교 천문대 창고는 잘 찾아보면 쓸 만한 망원경이 꽤 많다. 천문대 창고에 들어가 보니 엄청난 먼지가 쌓여 있어 잘못 만지면 비염을 일으킬 수도 있었다. 20년도 더 된 장비들은 대학원 선배들이 졸업하기 위한 도구였을 터였다. 일부는 원하는 결과를 얻어서 대학원을 탈출했을 것이고, 일부는 그냥 탈출했을 것이다. 어떤 면에서 대학원은 절과 같다. 누구도 스님을 절로 불러들이지 않으며, 돈도 멋진 차도 주지 않는다. 그곳에서 삼라만상(우주)에 대한 답을 구하고 답을 얻어 깨달으면 절이 필요 없다. 절에 머물러도 되고 떠나도 된다. 대학원도 똑같다. 우주에 대한 의문에 답을 얻으면 박사가 되고, 그다음에는 대학에서 연구를 해도 되고 다른 곳으로 떠나도 된다.

먼지에 숨겨진 선배들의 이야기 같은 쓸데없는 공상으로 무거운 장비들을 뒤지는 수고로움을 떨치면서 천문대 창고의 가장 깊은 곳에 있는 망원경까지 모두 꺼내 확인했다. 꽤 많은 망원경이 나왔다. 바로 윗층에 가면 학교 천문대의 주 망원경인 76센티미터 구경의 큰 망원경이 있는데, 먼지 구덩이에서 작은 망원경을 찾고 있자니 문득 그런 생각이 들었다. 내가 길을 잘못 들었음을. 천문대 창고에 켜켜이 쌓인 수많은 시간 동안 아무도 달 과학자가 되려 하지 않은 데는 이유가 있었던 것이다. 앞으로 결과를 얻기 위한 모든 단계마다 많은 먼지를 뒤집어쓰게 될 것이라는 예감이 들었다. 한참 만에 상태가 좋으면서 관측 목적에 적당한 망원경을 골라 그날 바로 관측을 시도해봤다. 마침 달은 상현이어서 초저녁에 달이 남중해 있었다. 장비를 테스트하기에 좋은 조건이었다. 망원경도 망원경을 지지해주는 가대의 상태도 좋았다. 가대란 망원경을 지지하고 조작할 수 있도록 움직임을 제공하는 기계적 구조물이다. CCD_{Charge Coupled Device} 카메라(빛을 전기신호로 변환하여 디지털영상으로 기록하는 장치로, 현대 천문학에서 널리 사용)를 이용해 달 사진을 찍은 다음 확인해보니 달이 정확히 한 시야에 꽉 차게 들어왔다. 관측하기에 아주 적당한 망원경이었다.

편광 관측을 하려면 자연광을 편광으로 바꾸어주는 편광기가 필요했다. 내가 고른 망원경은 주로 아마추어가 사용하는 상용 망원경이기 때문에 여기에 쓸 수 있는 상용 편광기가 있는지 검색해봤다. 하지만 역시 아마추어 천문가들에게 편광은 보편적이지 않아서 상용제품은 없었다. 일반 천문대는 대부분 편광기를 갖추고 있지만, 상용 망원경인 우리 것에 사용할 수는 없었다. 그래서 우리는 관측 목적에 맞는 편광기를 직접 만들어야 했다. 편광기의 구조는 매우 단순해서 직접 설계하고 부품을 구매해 만들었다. 편광 관측을 하는 방법은 다음과 같다. 망원경을 통해 입사되는 빛 가운데 정해진 방향으로 진동하는 빛만 통과시키는 필터를 카메라 앞에 둔다. 그 필터를 돌려가면서 빛의 세기를 측정하면 된다. 어떤 방향으로 진동하는 빛이 더 많이 들어오는지 알 수 있는데, 그 정도를 수치화한 것이 편광도_{polarization degree}다. 나의 목표는 달 표면의 편광지도를 만드는 것이었다.

관측을 위한 기본 장비를 갖추고 드디어 첫 번째 시험 관측을 했다. 초저녁 천문대 옥상에 올라 장비들을 설치했다. 천문대는 주로 돔이라서 대체로 옥상이 없지만, 돔 주위를 한 바퀴 둘러서 좁은 옥상이 있는 경우가 있다. 대부분 돔을 유지 보수하기 위해 설치한다. 학교 천문대에도 돔 주변으로 둘레길처럼 2미터 정도의 폭을 가진 좁은 옥상이 있었다. 하늘에는 구름이 조금 있었지만 관측 장비의 작동성을 시험하는 관측이므로 달이 잠깐이라도 보이면 충분했다. 이날은 그믐달에 가까워서 망원경을 설치한 후 새벽까지 기다려야 했다. 천문학자가 된 느낌이었다.

새벽이 가까워지자 안개가 끼기 시작했다. 관측 로그에는 점차 비관적으로 바뀌어가는 기상 상황이 기록되어 있었다. 마침내 해가 뜨기 직전 동쪽 하늘에서 달이 떠올랐다. 달도 밤새 라면을 먹었는지 통통 불어 있었다. 짙은 안개와 옅은 구름에 가려진 달은 뿌옇게 주변을 밝히고 있었다. 기상청 웹사이트의 위성사진을 보고 또 봐도 하늘은 맑음이었다. 이런 날에는 관측이 성공하기 힘들다. 그럼에도 일단 달을 찍어본다. 혹시나 분석할 여지가 있을지 모르기 때문이다. 이렇게 실패한 관측 자료는 관측 다음 날 한 번 열어본 다음 다시는 열어보지 않지만 버려지지도 않는다. 실패한 관측 역사의 증거로 보존된다.

그 후 몇 주분짜리 실패한 관측 역사의 증거가 충분히 쌓였을 때 한 가지 사실을 알게 되었다. 학교 천문대는 새벽에 항상 안개가 끼다. 학교 천문대로부터 직선거리로 835.6미터 거리에 호수가 있기 때문이다. 관측이 실패한 이유는 차가운 공기와 따뜻한 호수가 만나면 생기는 지극히 단순한 물리적 현상인 안개 때문이었다.

2장

세계에서 가장 오래된
천문대 창고에서 시작된
달 과학

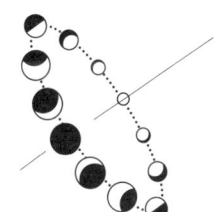

릭 천문대에 가다

안개가 매일 낀다 해도 일단 기상청에서 날씨가 맑다고 하는 날은 물론 날씨가 흐리다고 해도 구름 사진을 보고 잠시라도 하늘이 열릴 것 같으면 밤새 기다리곤 했다. 하필이면 관측을 시작한 시기가 장마와 겹쳐서 비 오는 날도 꽤 많았다. 새벽에는 한결같이 안개가 올라와 하현에서 그믐까지는 아예 관측할 수 없었다. 하현과 그믐 때 볼 수 있는 달의 서쪽 부분이 관측되지 않아 편광 관측으로 지도를 만들 수 없었다. 여섯 번의 달이 차고 지는 동안 만족스러운 관측 결과를 얻지 못해, 결국 학교 천문대에서 관측하는 것을 포기했다. 그 후 소백산 천문대, 보현산 천문대 등을 고려해봤지만, 국내 천문대의 청정 일수로는 짧은 시간 동안 달의 모든 위상을 관측하기가 상당히 어렵다는 결론에 도달했다. 해외 관측소를 알아보기로 했다. 지도교수님께서 당신의 지도교수인 마크 모리스Mark Morris 교수님께 연락해 미국 캘리포니아대학교가 운영하는 릭 천문대에서 관측할 수 있도록 요청했고, 가능하다는 답변을 받았다.

1888년 미국 캘리포니아주 산호세의 해밀턴산 정상에 있는 릭 천문대는 세계에서 가장 먼저 산의 정상에 지어졌다. 부유한 사업

가였던 제임스 릭James Lick이 인류의 과학 발전에 기여하고자 거의 전 재산을 투자해 세웠다. 릭 천문대의 상징적 망원경인 91센티미터 굴절망원경은 천문대를 건립했을 때는 세계에서 가장 큰 굴절망원경이었다. 지금도 미국 여키스 천문대의 구경 102센티미터 굴절망원경에 이어 세계에서 두 번째로 큰 굴절망원경이니 당시에 얼마나 대단했을지 짐작할 수 있다.

릭 천문대를 건립할 즈음에는 천문대를 주로 시내에 지었다. 파리 천문대와 그리니치 천문대도 시내 한복판에 있다. 릭은 산 위에 천문대를 세우면 낮은 구름이나 대기 일렁임 같은 대기 효과 등을 줄여 보다 좋은 환경에서 천체 관측을 할 수 있다고 생각했는데, 그 생각이 맞았다. 이 결정 덕분에 릭 천문대에서는 비슷한 시기에 설립된 다른 천문대보다 좋은 관측 환경을 가지고 있어 여전히 활발한 연구가 진행되고 있다.

릭 천문대에 가려면 산호세 중심가에서 차로 한 시간 20분 정도 구불구불한 산길을 올라야 한다. 천문대로 오르는 CA-130 도로 역시 릭이 만들었다. 천문대 건립 당시 1미터 가까운 렌즈를 산꼭대기까지 구불구불하고 울퉁불퉁한 길로 옮기는 과정에서 렌즈가 깨지는 일도 있었다. 그래서 천문대를 짓기 위해 기존 도로보다 더 매끈한 길을 만들어야 했다. 해밀턴산은 산세가 험하고 길도 가파른 편이다. 휴일이면 자전거를 타고 자신과의 싸움을 하며 산을 오르는 사람이 상당히 많을 정도로 도전 욕구가 생기는 길이다. 이

◎ 릭 천문대에서 바라본 주변 전경

런 곳에 길을 만들어가며 천문대를 짓다 보니 건립 기간이 예상보다 길어졌다(1876~1887년). 릭은 천문대 완공을 보지 못하고 1876년 사망했다. 릭의 유언에 따라 유해는 굴절망원경의 토대에 묻혔으며, 천문대를 방문하면 그가 묻혀 있다는 설명과 명패를 볼 수 있다. 천문대의 외관은 오래됐다는 느낌이 물씬 풍겨서 천문대라기보다 고풍스러운 박물관 같다. 안으로 들어가면 방문객들을 위해 릭 천문대의 역사와 과학적 발견 등을 전시한 전시관과 기념품을 파는 곳이 있다.

2013년 여름, 달 편광지도를 만들기 위해 릭 천문대에 도착한 나는 천문대 바로 아래에 있는 방문객센터로 갔다. 인상 좋은 직원이 반갑게 맞이해줬다. 오늘부터 관측하러 온 사람이라 말하자 내 이름을 확인했다. 언제나 그렇지만 이름을 말한 다음 영어 스펠을 또박또박 말해줘야 했다. 미국 스타벅스에서 주문할 때 이름을 물어보면 항상 '정'이라고 답하지만, 컵에는 대개 'John'이라고 적혀 있다. 그래서 스펠을 묻지 않아도 J, E, O, N, G라고 다시 한 번 또박또박 말한다. 관측자 숙소를 배정받고 센터 직원의 안내를 받아 숙소로 이동했다. 함께 숙소로 이동하면서 어디서 왔는지, 한국에 못 가봤는데 꼭 가보고 싶다 같은 가벼운 이야기를 나누었다. 미국 사람들은 단둘이 있으면 반드시 가벼운 주제로 이야기를 시작한다. 우리가 밥 먹을 때 어른보다 나중에 숟가락을 드는 게 예의라고 배우듯이 어쩌면 미국인도 학교에서 배우는 것일지 모른다.

　직원은 숙소 주방 등 공용 공간의 이용 수칙을 알려주고 내가 지낼 방을 안내해줬다. 천문대 숙소의 창문은 대부분 암막 커튼으로 완벽히 가려져 있다. 밤에는 방의 불빛이 새어나가 관측을 방해하지 않도록 커튼을 치고, 낮에는 밤새 관측한 관측자들의 숙면을 위해 친다. 밤낮으로 쳐져 있는 셈이다. 릭 천문대의 관측자 숙소도 마찬가지였다. 두꺼운 암막 커튼이 창문을 가리고 있어 대낮에 들어왔는데도 입구에서 불을 켜야만 들어갈 수 있었다. 스위치를 올리자 작은 백열전구 하나가 켜졌다. 방에 있는 불이라고는 천정에 달린 백열전구와 책상 위에 있는 작은 스탠드가 전부였다. 분명 낮인데도 이곳은 밤이었다. 천문대는 밤에도 밤이고, 낮에도 밤이다. 직원은 식당 사용 시간을 알려주고 마지막으로 앞으로의 관측 계획을 물었다. 나는 대답 대신 물었다.

"혹시 전기를 건물 밖으로 뺄 수 있나요?"

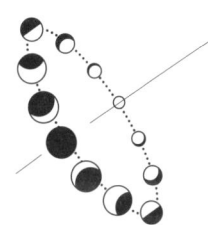

세계 최고의 천문대 창고에서 시작된 달 과학

애플도 아마존도 마이크로소프트도 창고에서 시작했다고 한다. 나도 이들처럼 창고에서 시작했으니 그 끝이 창대하리라. 직원의 도움을 받아 관측자 숙소 1층에 있는 창고에 갔다. 거대한 쓰레기통과 청소 도구들을 제외하고는 텅 비어 있었다. 창고는 관측자 숙소의 주차장과 바로 이어져 있어 위치와 방향 모두 좋았으며, 관측 장비를 보관하거나 관측할 때 활용하기에 편리해 보였다. 제일 중요한 콘센트 위치를 확인하고 관측용 망원경과 가대, 편광기를 설치할 공간을 물색했다.

창고에서 나와 주차장에서 남쪽 하늘을 바라봤다. 하늘이 시원하게 뚫려 있었다. 천문대 망원경이 있는 돔은 시야를 확보하기 위해 대부분 산의 정상에 설치한다. 관측자 숙소, 천문대 직원 사무실, 식당 등이 있는 건물은 관측에 방해되지 않기 위해 돔에서 조금 내려온 비탈에 세운다. 필연적으로 건물 한쪽은 산비탈로 가려진다. 산꼭대기에 짓는 건물은 주변 지형에 따라 크게 영향을 받으므로 건물을 지을 수 있는 공간이 한정적이다. 북반구에서는 에너지 효율을 높이려면 남향으로 창을 내야 태양 빛을 많이 받을 수 있어 남향으로 많이 짓는다. 그러나 산꼭대기는 굴곡이 심해서 천문대의 남쪽 경사면에 건물을 지을 적당한 공간을 찾기 어렵다. 그럴 경우 어쩔 수 없이 산의 북쪽 경사면에 건물을 지어야 한다. 릭 천문대는 다행히 남향 건물이었다. 주차장에 서서 시야를 가늠해 보니 달이 뜨는 동쪽에 릭 천문대의 본관이 있어 시야를 약간 가리지만, 서쪽은 낮은 고도까지 관측이 가능해 보였다.

초승과 그믐 시기에는 달을 관측할 수 있는 시간이 아주 짧다. 초승에는 태양의 동쪽에 있어 해가 지고 나서야 잠깐 볼 수 있고, 그믐에는 태양의 서쪽에 있어 해가 뜨기 직전에만 볼 수 있다. 달은 충분히 밝기 때문에 낮에도 망원경을 이용하면 관측할 수 있다. 다만 이때는 태양 빛보다 아주 어두워서 관측 오차가 심하므로 과학적 분석을 하기에 적합하지 않다. 일반적인 천체 관측에서 제일 중요한 요소는 날씨와 달의 위치다. 달 입장에서는 태양이 있으면 관측이 안 되지만, 다른 천체들 입장에서는 달이 태양이나 마찬가지다. 밤하늘에서 겉보기등급이 −12.7이나 되는 압도적 존재감을 가진 천체다. 한 등급이 차이 날 때마다 2.5배씩 밝아지니 밤하늘에서 두 번째로 밝은 천체인 겉보기등급 -4.9의 금성보다 약 1,270배나 밝다. 보름달이 뜬 밤에는 밖에서 책을 읽을 수 있을 정도다. 일반적인 천체 관측에서는 초승이나 그믐일 때 관측을 여유롭게 할 수 있고, 보름에는 관측 대상과 달의 거리에 따라 제한적으로만 관측할 수 있다. 그래서 다른 천체를 관측할 때와는 반대로 초승과 그믐에 달을 관측할 때는 아주 바쁘다.

나는 관측자 숙소의 주차장에 서서 달을 가장 오래 볼 수 있을 만한 곳을 찾고 대략적인 달의 위치를 가늠했다. 달이 뜨는 위치 바로 아래에 건물이 있으면 안 된다. 건물이 내뿜는 열기로 아지랑이가 만들어지면 대기가 일렁여 관측 자료의 해상도를 떨어뜨린다. 나는 작은 포터블 망원경으로 관측할 거라서 전기 콘센트의 위치도 굉장히 중요했다. 창고에 있는 콘센트와 관측하기 적당한 위치까지 망원경에 전기를 공급할 연장선의 길이를 가늠하고 노트에 적어뒀다. 그리고는 다시 숙소에 들어가 관측에 필요한 물품을 정리한 노트를 보면서 사야 할 물품을 정리했다. 전기 콘센트와 망원경을 연결해줄 연장선, 노트북을 올려놓을 작은 접이식 테이블, 관측을 위한 의자 등 다양한 물품이 필요했다.

산 위에 지어진 가장 오래된 천문대에 와서 노트북에 망원경과 CCD를 연결하고 접이식 테이블에 앉아 밤이슬을 맞으며 관측을 하게 될 줄이야. 천문학자들의 관측은 보통 따뜻한 운영실에서 망원경을 조작해주는 오퍼레이터와 컴퓨터 앞에 앉아, 커피와 오레오 쿠키를 먹으며 "이 좌표로 이동해 노출은 10초, 관측 파장은 4,310옹스트롬Å으로 관측해주세요" 같은 말을 건네고 관측 로그에 시간과 관측 장비의 설정값, 날씨 등을 기록하는 일을 반복하면 끝난다. 간단하고 여유로울 것 같지만 실상은 그렇지 않다.

연구자는 천문대에서 좋은 망원경으로 관측하기 위해 관측 제안서를 몇 달이나 준비한다. 그렇게 오랫동안 준비한 관측 제안서도 워낙 경쟁이 치열해 선정되기 어렵다. 선정된다 해도 관측 목표를 달성하려면 대체로 관측 시간이 빡빡하다. 어떻게든 관측 시간을 할당받으려고 망원경을 사용하는 시간은 최소한으로 요구하고 과학적으로는 큰 가치가 있는 일이라고 제안서에 쓰기 때문이다. 그래야 심사자가 가성비가 좋은 관측으로 여긴다.

그뿐만 아니다. 기상청이 '맑음'이라고 표기한 날에도 천문학자에게는 맑음이 아니다. "와, 어떻게 오늘 구름 한 점 없냐?"라고 말하는 날이 맑은 날이다. 최근에 그런 날이 언제였는지 생각해봐도 잘 기억나지 않을 것이다. 기상청 기준 소백산 천문대의 청정 일수는 200일 정도지만, 천문대의 운영 기록을 보면 1년에 보통 100일 정도 관측을 수행하므로 천문학자에게 맑은 날이 얼마나 적은지 알 수 있다. 구름만 문제가 아니라 강한 바람과 안개도 관측에 방해된다. 안개는 구름처럼 하늘을 가리기 때문에 관측할 수 없고, 바람은 별을 춤추게 한다. 천문학자가 말하는 바람은 천문대 근처에서 부는 바람보다 거의 상층대기에서 부는 제트류를 가리킨다. 제트류가 강하게 발달하면 망원경으로 보는 별은 춤을 춘다(강하게 일렁인다). 우리는 이를 시잉seeing(시상)이라고 부르는데, 빠르게 일렁이는 대기 때문에 별도 그에 따라 일렁이는 현상이다. 시잉이 나빠도 관측은 되지만 관측 자료의 품질이 떨어진다.

또한 천문학자들에게 관측 자료는 통닭집의 생닭, 횟집의 생선이나 마찬가지여서 기회가 있을 때 최대한 데이터를 얻기 위해 추가 관측 대상을 여러 개 만들어온다. 날씨도 맑고, 달도 없고, 망원경의 상태까지 완벽해 이상적인 관측이 이루어진다 하더라도 관측 대상이 수없이 많아 여유로울 틈이 없다. 그런데 나는 오퍼레이터도 없이 혼자서 모든 일을 해야 하니 밤새 허리 한 번 못 펴고 관측했다. 한 달 동안이나 말이다.

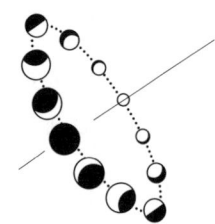

40시간이 넘는 하루

릭 천문대에 도착한 날 저녁부터 곧바로 관측을 시작했다. 집에서 버스를 타고 인천국제공항에서 샌프란시스코까지 비행기로 이동한 후 렌터카를 빌려 릭 천문대까지 20여 시간을 달려 도착했지만, 곧바로 월마트와 일렉트로마트에 가서 필요한 물건들을 구매하고 관측을 준비했다. 지금은 날씨가 좋지만 밤이 되어 돌변하지 말라는 법은 없다. 반대로 낮에는 흐리지만 밤이 되면 하늘이 열리는 경우도 있다. 기상청의 일기예보도 온전히 믿을 수 없다. 일기예보는 사람들이 사는 도시를 기준으로 하기 때문에 산 위에 있는 천문대 날씨와는 상당히 다른 경우가 많다. 따라서 가능할 것 같은 날은 무조건 관측을 시도해야 한다. 아니, 가능할 것 같지 않은 날에도 일단 대기는 해야 한다.

낮에 봐둔 천문대 주차장 한편에 월마트에서 사온 접이식 테이블과 의자를 설치했다. 산을 깎아 만든 천문대라 주차장이 꽤 기울어져 있었다. 망원경은 삼각대의 다리를 각각 다르게 조절해 설치하자 기울어진 땅에서도 똑바로 섰지만 테이블은 아니었다. 자꾸 흔들거리는 테이블을 만져본 후 이건 아니다 싶었다. CCD를 운영하고 관측된 영상을 확인하기 위해 사용하는 노트북이 흔들려서 자칫 떨어지기라도 해 망가지면 다시 노트북을 구해야 한다. 돈도 돈이지만 관측을 망칠 수 있다. 주변을 둘러보다 평평하고 딱 알맞은 높이의 돌멩이를 주워와 테이블 다리에 괴었더니 완벽한 균형을 이뤘다. 완벽한 돌멩이는 어쩜 이렇게 매력적일까? 관측이 끝나면 꼭 챙겨놔야겠다고 생각했다. 이제 망원경을 설치할 차례다. 망원경은 앞서 말한 가대에 올려놓고 쓴다. 가대는 망원경이 천구상에서 움직이는 별을 자동으로 잘 따라가도록 하는 장치다. 사실 별은 천구상에서 움직이지 않는다. 지구가 움직이는 것이다. 별도 움직이긴 하나 너무 느리게 움직여서 인간에게는 움직이지 않는 것과 같다.

    삼각대를 조절해 망원경을 수평으로 맞추고, 적도의식 가대의 극축을 천구의 북극에 맞춘다. 적도의식 가대는 지구의 자전축과 적도의의 회전축을 일치시키고 축을 따라 회전시켜주면 어느 방향이든 별을 추적할 수 있다. 완벽한 돌멩이로 관측 테이블의 수평을 맞춘 뒤 접이식 의자에 앉았다. 바닥이 기울어져 있으니 수평이 전혀 맞지 않아 허리가 삐딱해졌지만, 의자 다리에 괼 완벽한 돌멩이를 찾지는 않았다. 관측하는 데 지장이 없기 때문이다. 지금은 망원경, 관측용 노트북, 나 순으로 중요하다.

    관측할 별의 위치를 정의할 때는 적도좌표계를 쓴다. 지구의 적도를 연장한 가상의 대원을 천구의 적도라 정의하고, 적경과 적위(적도 좌표에서의 경도와 위도)의 기준면으로 쓴다. 지구의 북극과 남극을 연장해 천구의 북극과 남극이라 정의하고, 이 사이를 각도로 표시한 것이 적위다. 자연스레 적위는 지구 위도(지리좌표계)와 같다. 그런데 적경과 지구 경도의 기준점은 다르다. 영국의 그리니치 천문대와 북극, 남극을 지나는 자오선을 기준으로 하는 지리좌표계와는 다르게 적도좌표계는 태양이 지구의 적도 평면을 남에서 북으로 가르는 지점을 기준으로 한다. 이곳이 춘분점이다. 춘분점도 지구의 세차운동 때문에 계속 변하므로 기준 날짜를 정하고 춘분점의 위치를 고정하는데, 현재는 2000년의 춘분점을 기준으로 사용하며 이를 J2000 좌표계라 한다. 과거에는 1900년을 기준을 삼았던 적도 있다. 따라서 과거 자료와 현재 자료를 같이 이용할 때는 별들의 위치가 조금씩 다르므로 분석에 주의를 기울여야 한다. 심우주를 탐사하는 탐사선의 위치를 결정할 때 큰 문제가 될 수 있다. 실제 보이저호의 경우 초기에 위치오차가 상당히 컸다. 그래서 과거의 탐사선들은 최근 탐사선들에 비해 위성의 궤도 수정을 더 자주 해야 했다. 지금은 이런 문제를 해결하기 위해 ICRF International Celestial Reference Frame 좌표계를 쓰기도 한다. 지구로부터 충분히 멀어서 천구상에서 사실상 움직이지 않는 외부은하들을 기준으로 설정한 좌표계다.

어떤 좌표계를 사용하든 별의 위치를 정확하게 정의하고 나면 별은 천구상에서 더 이상 움직이지 않는다. 하지만 달은 움직인다. 별은 매일 4분씩 빨리 뜨는데 반해 달은 하루에 50분씩 늦게 뜨므

◎ 릭 천문대에서 사용한 관측 장비

로 천구상의 위치도 매일 54분만큼 차이가 생긴다. 천구상에서 별과 달은 움직이는 속력이 다르다. 또 달은 지구를 공전하는 공전궤도면이 기울어져 있어 천구의 적도와 수평하게 움직이지 않는다. 즉 움직이는 방향도 다르다.

가대를 잘 설치하고 모터에 전원을 넣어주면 망원경의 시야에서 별은 움직이지 않는다. 별이 움직이는 속도를 가대가 따라가기 때문이다. 그런데 여기에 문제가 있다. 가대는 별의 속도에 맞추어져 있어 달은 계속해서 시야에서 벗어난다. 크고 좋은 가대는 달은 물론 화성이나 목성 같은 행성도 따라가도록 설정할 수 있다. 심지어 엄청나게 빠르게 지나가는 소행성이나 혜성의 궤도를 넣어도 따라갈 수 있다.

안타깝게도 내가 릭 천문대에서 사용한 가대는 그런 기능이 없었다. 그래서 밤새도록 10여 초에 한 번씩 망원경의 적경과 적위를 조정해주면서 관측해야 했다. 이렇게 단순한 반복노동은 몸을 생각보다 많이 피곤하게 만든다. 의자에 앉아 노트북 화면을 지켜보면서 얼마나 조정해야 하는지 가늠하고, 일어나서 망원경의 이미지상에 달이 중심에 오도록 세밀하게 주의를 기울여 조정하고, 다시 컴퓨터 앞으로 가 촬영하다가 일어나 편광기를 조정한 다음 또 촬영하는 작업들을 밤새도록 한다.

모든 관측 준비를 마치고 릭 천문대에서의 첫 관측을 시작했다. 퍼스트 라이트first light는 천문학에서 꽤 중요하고 기억할 만한 순간으로, 관측기기를 만들고 처음 관측하는 것을 일컫는다. 하나의 관측기기를 만들기 위해 수년에서 10년 넘는 시간 동안 설계, 검증, 제작 단계를 여러 차례 반복하여 완성하기에 그 기기를 만든 사람에게는 자연히 중요하고 특별한 순간이다. 내가 '포터블 달 편광 관측 시스템'이라 명명한 이 시스템 역시 직접 만들었으니 나에게는 더할 나위 없이 특별했다. 학교에서도 여러 번 관측을 수행했다. 해외로 장비를 가지고 오는데 시험 한 번 안 하고 올 수는 없지 않은가. 철저하게 시뮬레이션하며 관측을 준비했고, 이 과정에서 여러 차례 실제 관측을 수행했다. 고정밀 장비인 천문 장비는 충격이나 급격한 온도 변화에 민감한 편이다. 그래서 환경이 다른 릭 천문대에 와서 수행하는 첫 관측이 중요했다. 우려했던 것과 다르게 관측은 아주 매끄럽게 진행되었고, 관측기기도 모두 잘 작동했다. 현지에서 구매한 장비들도 잘 작동했다. 완벽한 돌멩이는 접이식 책상이 흔들리지 않도록 굳건히 버텨냈다.

초승달이 뜬 첫날 관측은 초저녁 짧은 시간 동안만 달을 볼 수 있었기에 상당히 바빴다. 해가 지고 달이 충분히 잘 보이면 망원경의 초점을 맞춘다. 초점이 디지털카메라처럼 자동으로 "삐삑" 소리를 내며 맞추어지면 좋겠지만, 망원경의 초점은 수동으로 맞추어야 한다. 별을 찍어서 별이 가장 작은 점이 될 때가 망원경의 초점이 정확하게 맞춰지는 순간이다. 하지만 가장 작은 점이라는 모순적인 말이 굉장히 불편한 건 차치하고 별빛의 크기(별상)가 가장 작은 초점 위치를 찾는 것은 꽤 어렵다. 대기 때문에 별이 계속 일렁이기 때문이다. 별상이 얼추 점처럼 보이는 시점부터는 초점을 앞뒤로 조금씩 움직여봐도 어디가 가장 작은 곳인지 찾기 힘들다. 보통 PSF Point Spread Function라고 하는 점 확산 함수로 별의 크기를 평가하지만, 대기 효과로 인해 완벽한 초점 근처에서는 PSF의 크기가 들쭉날쭉하다. 초점을 대충 맞추면 최종 관측 결과에 큰 영향을 주므로 굉장히 신경 써 맞추지만, 만족할 만한 지점을 찾는 것은 결국 타협이다. 초점을 맞추는 데 할애할 수 있는 시간이 짧아서 초승달을 관측하는 일은 꽤 바쁘다. 어찌어찌 초점을 맞추고 망원경을 달로 향했다. 미국에서 보는 첫 달이 모니터에 떴다.

 한국에서 안개 속 관측을 수개월간 한 것이 연습이 되어서인지, 미국에서의 관측은 상당히 바쁘지만 매끄럽게 진행되었다. 잠깐 허리를 펼 틈도 없이 관측을 마치고 장비들을 다시 관측자 숙소 창고에 정리해뒀다. 천문대에서는 밤이라도 창고의 전등을 켜고 작업할 수 없어 무척 조심해야 한다. 밤의 천문대는 다양한 망원경이 관측을 하고 있다. 누군가 전등을 켜거나 손전등을 사용하면 망원경이 관측한 영상에 빛이 영향을 줄 수 있어 조심해야 한다. 그래서 천문대에서는 모든 창문에 암막 커튼을 설치하고 밤에는 외부 활동을 금지한다.

 장비 정리를 마친 뒤 나는 노트북만 가지고 숙소로 들어와 관측한 자료를 얼른 열어 확인했다. 다행히 영상은 모두 깨끗하게 관측돼 있었다. 관측 로그와 관측 자료를 비교해 자료에 결손이 있는지 확인했다. 그다음 관측한 영상 자료를 과학 자료로 변환해 과학적 분석 자료로 만들어주는 자료 처리 프로그램(코드)을 실행시켰다. 온전한 자료 처리 과정을 모두 거쳐 1차 편광도 결과가 나오기까지 대여섯 시간이 넘게 걸린다. 그 시간을 못 참고 급하게 오차를 경험적으로 추산하고 일부분만 손으로 계산했다. 만족스럽게도 내가 관측한 결과가 다른 논문들에서 관측한 결과와 유사하게 나올 것으로 보였다. 관측이 이상하게 된 것은 아니라는 소리다.

 그제야 마음을 놓고 잠시 침대에 누웠다. 숙소 한편에 아무렇게나 놓인 캐리어가 보였다. 아직 짐도 안 풀었다는 사실을 깨달았다. 생각해보니 기내식을 마지막으로 밥도 안 먹었다. 끼니라고는 월마트에 갔을 때 관측하며 먹겠다고 사온 초코바와 인스턴트 커피가 전부였다. 집에서 9,139킬로미터 떨어진 릭 천문대까지 날아와 초코바와 인스턴트 커피만 먹으며 관측한 결과가 좋아서 마음이 놓였다. 40시간이 넘는 하루였다.

오늘 하루가 굉장히 길었음을 인지한 순간부터 급격히 피로가 몰려왔다. 40시간을 신은 양말을 벗고 캐리어를 정리한 후 샤워를 하자 온몸이 삐걱거리기 시작했다. 모든 일을 뒤로하고 침대에 누워 책상에 놓인 노트북 화면을 봤다. 자료 처리 중인 화면에서 커서가 깜빡이고 있다. 자야지, 하고 눈을 감았다. 자료 처리 프로그램이 중간에 멈추거나 에러가 나면 어쩌지, 프로그램 세팅에 빠진 부분은 없나 같은 생각이 머릿속에서 떠나질 않았다. 몸은 아무 생각 없이 꿈조차 꾸지 않는 잠이 필요하다고 요구하고 있었지만, 뇌는 아직 잘 때가 아니라고 주장했다. 시차 때문이다. 뇌는 기본적으로 MBTI가 J인가 보다. 정해진 시간에 정해진 일을 해야 한다. 지금은 시간의 기준이 한국표준시에서 태평양표준시로 바뀌었다고 뇌를 설득해봐야 소용없었다. 뇌표준시를 태평양표준시로 바꾸려면 자료 처리 프로그램처럼 오랜 시간이 필요하다. 한두 시간 뒤척이다가 결국 다시 일어나 자료 처리 프로그램을 검토했다.

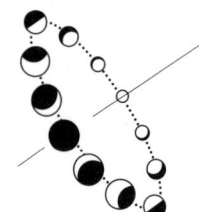

야생동물의 습격

천문대는 앞서 말했듯이 대부분 산 정상에 짓는다. 세계적으로 유명한 최상위 천문대들의 주변 환경은 대단히 척박하다. 보통 고도 3,000미터 이상에 있고 연중 300일 이상 맑은 날이 지속되는 매우 건조한 지역에 짓는다. 천문대 주변은 자라는 식물조차 제한적인, 사막과도 같은 경우가 많다. 하와이의 마우나케아 천문대나 칠레의 파라날 천문대같이 관측 조건이 아주 좋은 천문대는 풀 한 포기조차 보기 어려운 지역이 대부분이다. 릭 천문대는 그렇게 높은 고도에 있지 않고 연중 맑으며, 겨울에는 강수량도 꽤 많은 지역이라서 주변 환경이 척박하지 않다. 그래서 우리가 흔히 보는 산처럼 나무들이 빽빽히 자란 보통의 산이다.

내가 관측하는 창고 앞 주차장의 바로 앞에도 키 작은 나무가 꽤 많았다. 그래서 야생동물도 심심치 않게 볼 수 있었다. 새벽에 어슴푸레 해가 뜨면 일찍 아침을 시작한 검은꼬리사슴과 캘리포니아콘도르라는 거대한 새도 볼 수 있었다. 캘리포니아콘도르는 정말 기괴할 정도로 거대해서 땅에 내려와 있을 때 키는 초등학생만 하고 너무 못생겨서 길을 가다 만나면 위협을 느낄 정도다. 거기다 해가 어슴푸레 떠서 사물의 형체만 보일 때 저 멀리 여러 마리가

서 있으면 어린아이가 서서 쳐다보고 있는 것처럼 보여 공포영화 분위기를 자아낸다. 차를 타고 산을 내려가는 도로 위에 여러 마리가 내려와 있을 때는 조금씩 피해 서행하여 지나가는데, 자동차가 30센티미터 거리까지 다가와도 피하지 않는다. 쓰레기를 뒤지지는 않지만 엄청나게 거대한 유흥가 비둘기 같다. 그래도 캘리포니아콘도르는 나에게 실직적으로 위협을 가하지는 않았다.

관측 내내 신경 쓰이게 하고 실제로 날 공격한 야생동물은 다른 녀석이었다. 관측을 시작하고 3일쯤 되었을 때다. 관측에 열중해 있을 때 갑작스럽게 관측지 앞쪽 수풀에서 부스럭거리는 소리가 들렸다. 너무 가까운 거리여서 깜짝 놀랐으나 관측 중인 카메라에 빛이 들어갈까 싶어 손전등을 비추지 못했다. 괜히 동물을 자극하고 싶지도 않았다. 내가 가만히 있자 녀석도 나와 같이 부스럭거리는 소리를 멈추고 조용해졌다. 나를 인식했다는 뜻이다. 정체 모를 야생동물이 지척에 있다고 생각하니 오만가지 생각이 다 들었다. '캘리포니아 야산에서 한국인이 야생동물에 습격당하다' 같은 뉴스 제목이 떠올랐다. 일단 천천히 일어나 나의 거대한 몸을 보여줬다. 나는 인간 중에서도 큰 편에 속하고 자연계에서 인간보다 선 키가 큰 동물은 그리 많지 않다. 일단 상대방에게 나는 크고 강하다는 어필을 할 필요가 있었다. 야생동물도 나의 거대함에 놀랐는지 아무런 소리가 들리지 않았다.

잠시 후 나는 접이식 책상의 뒤편으로 가 천천히 몸을 숨기고 소리가 났던 곳에 비상용 손전등을 재빠르게 비추었다. 그곳에는 아무것도 없었다. 몸 전체가 심장이 된 것처럼 두근거렸다. 그 동물이 주변에 가만히 숨어 있을지 몰라 한참 동안 곳곳을 살폈다. 깜짝 놀란 마음을 다스리고 주변에 아무것도 없다는 것을 확신할 만큼 충분한 시간을 가지고 나서야 관측을 재개했다. 그날 관측을 끝낼 때까지 다른 야생동물의 접근은 없었다.

다음 날 아침 방문객센터에 들러 직원에게 지난밤에 있었던 일을 이야기했다. 직원은 웃으면서 아마도 사슴이거나 라쿤일 것이라고 했다. 천문대 근처에서 종종 목격되지만 사람에게 공격적이지는 않으니, 먼저 자극하지만 않으면 괜찮을 것이라는 말을 듣고 어느 정도 안심이 되었다. 그 후 이런저런 이야기를 하고 숙소로 돌아가려고 몸을 돌렸을 때 직원이 웃으며 한 말이 나를 석상처럼 굳게 했다.

"잘 없지만 산사자Mountain lion도 있기는 해."

'호랑이와 사자가 싸우면 누가 이겨요?' 같은 해묵은 질문에 등장하는 그 사자를 말하는 건가? 순간적으로 여러 생각이 머릿속을 헤집고 있었지만, 상대가 웃으며 말해주니 반사적으로 나도 웃으며 밖으로 나왔다. 굉장히 이상한 표정이었을 것이다. 관측자 숙소로 돌아온 나는 인터넷 검색을 시작했다. 릭 천문대 산사자, 해밀턴산 산사자, 해밀턴산 포식자, 산호세 산사자 등등.

산사자는 보통 쿠거Cougar라고 부른다. 퓨마처럼 생겼고 퓨마보다 조금 더 큰 고양잇과 동물이다. 실제 사자만큼 커지기도 한다. 미국 서부에 주로 서식하며, 해밀턴산에서 목격된 사례도 심심치 않은 데다 릭 천문대 주변에서도 가끔 목격된다는 뉴스를 찾았다. 긴장하지 않을 수 없는 뉴스였다. 고양잇과 포식자는 공격성이 강한 편인데, 쿠거는 큰 고양잇과 포식자라서 만나면 위험할 것이라는 판단이 섰다. 산호세 주변에서 쿠거가 발견되었다는 뉴스는 몇 년에 한 번 꼴로 나왔다. 개체수가 많은 동물은 아니라는 뜻이다. 간단하게 쿠거를 만날 확률을 계산해봤다. 쿠거가 해밀턴산 주변에 사는 사람들에게 3년에 한 번 발견된다고 가정하고, 그 사람이 나일 확률을 계산해보니 대략 0.0005퍼센트였다. 따라서 30일간 쿠거를 만날 확률은 그리 높지 않았다. 많은 부분이 생략된 현실성이 떨어지는 계산이지만, 감정의 영역에 속하는 일을 이성의 영역으로 끌어올 수 있기에 중요한 계산이다.

 침착하게 인터넷에서 좀 더 정보를 찾아보니 쿠거는 멸종위기종이었다. 쿠거는 캘리포니아 인근의 산자락에 꽤 많이 분포했던 포식자였다고 한다. 하지만 인간의 활동 영역이 증가하면서 쿠거의 서식지가 줄었고 점차 개체수도 줄어 지금은 멸종위기종이 되었다. 도시 주변에서 일어나는, 아주 흔한 야생동물에 관한 이야기다. 쿠거를 보호해야 한다는 글들을 읽다 보니 무시무시한 사자로 보이던 쿠거의 사진이 집을 빼앗긴 배고픈 들고양이처럼 처량해 보이기 시작했다. 나는 과학자답게 냉정하고 날카롭고 이성적으로, 멸종위기종인 쿠거를 내가 만날 일은 없을 것이라 최종 판단했다. 그래도 무서운 건 어쩔 수 없었다. 월마트에 가서 야구방망이를 하나 사왔다.

관측은 순조로웠다. 그런데 관측 도중 아직은 뭔지 모를 이 야생동물이 또 나타났다. 관측지 앞에 있는 나무들은 키 작은 고산지대의 식물이라서 대형 동물인 쿠거는 아닐 것이다. 실루엣조차 보이지 않았다. 분명히 작은 동물이라 생각하고 가만히 숨을 죽이고 기다리고 있으니 녀석은 그냥 지나쳐갔다. 내 손에는 월마트 야구방망이가 들려 있었다.

다음 날에도 그다음 날에도 녀석은 계속 나타났다. 날 위협하지도 않았고, 그저 내 앞을 지나갔다. 아마도 이 앞이 녀석이 다니는 길인 듯했다. 거의 일정한 시간에 같은 장소에 나타나는 녀석에게 '찰스'라는 이름을 붙여주었다. 매일 아침 일정한 시간에 산책을 했다는 과학자 찰스 다윈Charles R. Darwin에서 따온 이름이다. 찰스는 나와의 거리를 일정하게 유지했다. 수풀 끝자락에서 날 잠시 바라본 다음 갈 길을 갔다. 찰스는 반복적이고 지루한 관측 시간을 긴장감 넘치게 만들었다. 이런 긴장감은 바라지 않았지만 말이다.

찰스가 어떤 동물인지 궁금했다. 낮에도 간혹 목격한 갈색 줄무늬 고양이일 것이라고 생각했지만, 쿠거가 아니라는 확신이 필요했다. 찰스의 모습을 확실하게 보기 위해 낮에 찰스가 등장하는 수풀 근처의 시야를 가리는 넝쿨식물을 정리했다. 넝쿨을 정리하면서 보니 작은 개나 고양이 정도 크기의 동물이 지나다녔을 법한 길이 보였다. 찰스가 매일 지나다니는 길일 것이다. 분명히 찰스는 쿠거가 아니었다. 공교롭게도 찰스 로드Charles road가 주차장과 가장 가까워지는 지점에서 내가 매일 관측을 하고 있었다. 오늘은 찰스의 정체를 꼭 밝히겠다고 다짐했다. 서부영화 속 총잡이처럼 재빨리 손전등을 비추는 연습까지 했다. 달이 떠 있는 시간이고 비교적 어두운 손전등을 비상 상황에 사용하는 것 정도는 괜찮을 것이라 생각했다.

관측을 시작하기 전 야구방망이를 접이식 책상 옆에 기대어놓고 손전등은 책상 위에 올려놓았다. 찰스는 자정이 지난 후 나타나기 때문에 바쁘게 관측에 집중하고 있었다. 상현달과 보름달 사이에 나타나는 단계인 현망간위상이었기 때문에 달도 꽤 밝았다. 찰스의 얼굴을 확인하기 좋을 것이다. 찰스는 갑자기 나타났다. 나는 부스럭거리는 소리가 들리자 반사적으로 왼손에 손전등을 들어 소리의 근원지를 비추는 동시에 오른손으로는 자연스럽게 야구방망이를 집어들며 책상에서 일어났다. 실로 완벽하고 매끄러운 동작이었다. 마치 몇 년 동안이나 이 일을 해온 사람 같았다. 찰스는 나의 행동에 깜짝 놀라 후다닥 움직였기 때문에 위치를 쉽게 찾을 수 있었다. 찰스는 라쿤이었다. 회색 몸에 줄무늬 꼬리를 가진 라쿤의 특징적인 모습이 보였다. 찰스는 아주 잠깐 모습을 보이고는 뒤도 돌아보지 않고 수풀 깊은 곳으로 뛰어 들어갔다.

라쿤은 우리나라 너구리와 비슷하게 생겨서 너구리와 친척으로 알기 쉬우나 너구리는 갯과 동물이고, 라쿤은 곰에 더 가까운 동물이다. 생물학적으로는 서로 먼 종이다. 너구리는 귀여운 외모와 다르게 사람에게 상당히 공격적이다. 내가 군대에 있을 때 부대원이 야간에 아무런 이유 없이 너구리에게 갑자기 공격받은 적도 있었다. 더욱이 너구리는 사람을 무서워하지 않았다. 추운 겨울에는 막사 문 앞에서 자고 있거나 사람이 지나가도 도망가지 않고 멀리서 쳐다보고 있는 경우도 많았다. 라쿤은 나도 처음 보는 동물이라 어떨지 궁금했다. 미디어를 통해 봤던 라쿤은 음식을 물에 씻어 먹는 귀여운 동물이거나 사람처럼 손을 잘 쓰는 동물이었다. 라쿤은 사람을 보면 경계하기보다 호기심을 보이는 동물이라고 한다. 아마도 찰스는 갑자기 나타난 나를 보고 며칠 지켜보다가 그냥 지나쳐 다닌 것 같다. 찰스의 뒷모습을 확인하고 나서 쿠거가 아니라는 안도감에 관측에 집중할 수 있었다. 그날 이후 찰스는 나타나지 않았다. 마지막 날이 되기 전까지.

마지막 날 관측은 그믐달에 가까워서 해가 뜨기 직전 짧은 시간 동안만 관측할 수 있었다. 해가 뜨기 전 모든 관측 준비를 해두고 대기하고 있었다. 아침까지 관측하고 바로 공항으로 출발해야 하는 일정 탓에 관측 장비를 제외하고는 짐도 다 싸놓은 상태였다. 모든 준비가 완료된 릭 천문대에서의 마지막 밤은 고요했다. 릭 천문대에 편광 관측 장비가 있는 것도 아니어서 앞으로 릭 천문대에 다시 관측을 하러 올 일은 없다고 생각하니, 오늘이 진짜 마지막일 것 같았다. 나는 특별히 감성적인 사람은 아니지만, 칠흑 같은 어둠 속에 홀로 쏟아지는 별빛을 바라보고 있으면 누구라도 감성적으로 변한다. 한동안 알 수 없는 센티한 감상에 젖어 있던 그때 산등성이로 뾰족한 뿔이 돋아났다. 그믐달의 뾰족한 부분이 솟아오른 것이다. 서둘러 망원경의 초점을 맞추고 관측 가능한 고도로 올라올 때까지 기다렸다. 고도가 너무 낮아도 대기의 일렁임 등에 영향을 많이 받아 자료의 해상도가 좋지 않다. 그래서 어느 정도 관측하기 적당한 고도에 달이 올라올 때까지 초점이나 관측 소프트웨어를 점검하고 있었다.

그때 찰스 로드에서 소리가 들렸다. 나는 찰스라는 생각에 마지막 날이라고 인사할 수 있는 시간이 되겠구나 싶어 헤드 랜턴을 찰스 쪽으로 비추었다. 찰스 로드의 끝부분에서 찰스가 가만히 나를 쳐다보고 있었다. 이번에는 도망가지 않고 야행성 동물 특유의 반짝이는 두 눈을 내 눈과 마주쳤다.

라쿤을 이렇게 가까이서 본 것은 처음이었다. 라쿤 자체를 처음 봤다. 지난번 조우 때는 빠르게 지나가 형체만 보였는데, 이번에는 찬찬히 자세하게 볼 수 있었다. 라쿤은 생각보다 작고 낯설어 보였다. 애틋한 마음으로 찰스에게 마음속 인사를 하고 있을 때였다. 찰스가 으르렁거리는 소리와 함께 나에게 달려들었다. 찰스의 공격은 예비 동작도 없었고 어떤 경고의 몸짓도 하지 않은 상태에서 갑작스럽게 일어났다. 나는 너무 놀라 앉아 있던 의자와 함께 뒤로 자빠졌고, 순간적으로 손에 들고 있던 스타벅스 커피 유리병을 던졌다. 유리병은 찰스와 전혀 상관없는 방향으로 날아갔지만, 찰스는 잠깐 멈칫하고선 다시 달려들 듯하다가 수풀 속으로 쏜살같이 들어가 버렸다.

　나는 튕기듯 일어나 의자를 집어든 채 찰스가 사라진 곳 주변을 손전등으로 비추며 경계했다. 온 신경이 곤두섰다. 나를 있는 듯 없는 듯 아무렇지도 않게 지나다니던 녀석이 공격할 줄은 몰랐다. 아무런 위해도 가하지 않고 친근하게까지 여기던 나를 공격하다니. 나도 모르는 새 찰스를 고양이나 개처럼 생각하며 방심했다. 야생동물은 언제든 공격적으로 변할 수 있다는 것을 자각하지 못하고, 찰스라는 이름을 지어주고 망상 속에서 친근함을 느끼고 있었다. 그런데 찰스는 나를 자신의 영역을 침범한 침략자로 여기고 있었다. 내 앞을 지나다니며 한 달여 동안 참고 참다 마침내 오늘 경고를 날린 것이다. 그동안 얼마나 날 못마땅하게 생각했을까? 그 시간에 릭 천문대 사람이 주차장에 나타나는 일은 없었을 것이다. 천문대 주변은 가로등도 없고 밤에 야생동물을 자극하는 것이 아무것도 없었다. 말하자면 천문대의 돔과 건물 안쪽을 제외하고는 야생동물의 영역이었다. 내가 그 영역을 침범해 한 달 동안 점거하고 있었으니 찰스는 매우 불편했을 것이다. 다시 생각해보면 참을성이 많은 라쿤이었다.

한동안 라쿤이 사라진 주변을 경계하다가 문득 하늘을 보니 달이 상당히 높게 떠올라 있었다. 서둘러 망원경의 시야 안에 달을 넣고 초점을 점검한 후 관측을 시작했다. 관측을 시작하고 얼마 못 가 하늘이 밝아지기 시작했다. 마지막 날 관측은 밤새 완벽한 준비를 거쳐 여유롭게 쏟아지는 별을 보며 대기하고 있었지만, 성공적이지 못했다.

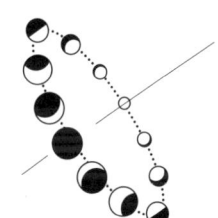

독일에서 만난 귀인

천문학자가 관측에 투자한 시간과 관측 자료를 분석하는 시간을 비교하면 자료 분석에 쓰는 시간이 300배쯤 많지 않을까? 관측 자료에 따라 다르지만 잘 관측한 자료는 많은 사람이 이용하고 관측자 본인도 상당히 오랜 기간 연구에 쓴다. 2013년 릭 천문대에서 관측한 달 편광 관측 자료는 2025년 지금도 쓰고 있다. 관측의 공간해상도(달 표면 해상도)는 최대 1.5킬로미터로 썩 좋지 않음에도 편광 정밀도는 약 0.8퍼센트포인트%p로 정밀하고, 다양한 달 위상에서 관측했기 때문에 쓰임새가 많다. 달 탐사선 다누리에 실린 광시야 편광카메라PolCam(폴캠)의 참조 자료로, 다누리에서 관측한 편광 영상이 정상적으로 관측된 것인지 검증할 때도 쓰인다.

릭 천문대 관측 자료는 정말 오랜 시간 분석한 자료다. 국내에는 달 영상 자료를 분석한 연구자도 없는 데다 그보다 더 희소한 편광 관측 자료를 처리하는 일이라 도움받을 곳이 없었다. 대학 학부나 대학원 과정에도 달 영상 자료를 처리하는 방법에 관한 강의는 없었다. 물론 천문 관측 자료를 처리하는 기본 과정은 같아서 소위 '전처리' 부분은 문제없었다. 전처리는 자료에 있는 기기의 특성, 하늘의 특성 같은 환경 요인을 제거하고 순수하게 대상 천체로부터 오는 신호만을 보기 위한 과정이다. 따라서 관측기기나 환경 요인이 다른 관측과 크게 다르지 않아 이 부분은 별문제가 없었다. 그런데 달은 밤하늘의 천체 가운데 희소하게도 위치, 모양, 자세, 위상각 등이 계속 변한다. 천문학에서 가장 많이 쓰이는 측광 분석이나 분광 분석을 할 때는 이런 달의 특징이 큰 문제가 되지 않으나 편광 분석에서는 굉장히 민감한 특징이다. 세계적으로도 경험 있는 사람이 매우 드물었다.

국내에서 처음 시도하는 달 편광 관측 자료의 처리 과정을 만드는 일은 맨땅에서 건물을 짓는 것과 같았다. 아무런 기반도 없고 경험 있는 조언자도 없었으니 그야말로 헛다리 짚기의 연속이었다. 다행히 나는 헛다리 짚는 일에 특화된 대학원생이었고, 이 일은 의미 있는 일이다. 대학원생의 딜레마는 목표가 불분명하다는 것이다.

　대학원생이 되기 전까지 학생은 이미 알려진 지식을 배운다. 사실을 이해하고 기억하기만 하면 되는 단순한 일이다. 우리가 태어나서부터 죽을 때까지 계속되는 익숙한 지식 습득 방법이다. 우리는 이런 일을 공부라 부른다. 공부는 논리를 이해하는 능력과 기억력이 좋으면 상대적으로 단순하다. 특별히 머리를 싸매고 고민할 필요가 없으며, 사실을 논리적으로 받아들이기만 하면 된다. 이미 확립된 지식이기 때문에 의문을 가질 필요도 없다. 그렇지만 대학원생은 공부와 연구를 병행하다 연구자가 되는 것이 목표다. 대학원 교과 과정을 배우며 공부하고 지도교수와 함께 연구도 한다. 연구는 인류가 아직 모르는 새로운 지식을 창출하는 과정이다. 공부는 해당 지식을 이해하기 위해 필요한 시간이 거의 정해져 있다. 천문학에 관한 전반적인 지식을 얻고 싶다면 천문학개론 책을 독파하면 된다. 사람마다 천문학개론 책을 이해하는 데 걸리는 시간은 다르지만, 이과대학 학생은 대충 3개월이면 책 대부분의 내용을 이해할 수 있다.

　반면 연구는 다르다. A라는 가설을 세우고 해당 가설을 검증하기 위해 실험과 관측 설계, 데이터 분석을 하는 도중 예기치 못하게 B라는 부분을 발견하게 되고, B를 검증하기 위해 실험과 관측, 데이터 분석을 하다 보면 B를 검증하기 위해 C를 이해해야 한다. 처음에 내가 세운 가설은 의미가 없어지고 전혀 다른 일이 진행되기도 한다. 아니, 거의 대부분 처음 시작할 때와는 다른 연구가 진행된다. 지금 하는 연구가 얼마나 지나야 처음 세운 목표에 다다를 수 있을지 알 수 없다. 정확하게 말하면 연구 목표가 무엇인지조차 분명하지 않다. 지도교수와 연구 분야를 결정하고 3, 4년쯤 헤매다 보면 대략적인 연구 목표가 정해진다. 이 정도 시간이 지나면 자신이 대학 때까지 공부한 대부분의 지식에 의문을 가지게 되며, 결국 인간이 이룬 대부분의 지식이 불안정한 토대 위에 세워져 있다는 것을 알게 된다.

목표는 불분명하고 지식의 체계는 불안정한 상태에서 계속 파고드는 행위가 바로 연구다. 이 과정은 상당히 고통스럽다. 몇 달간의 노력이 결국 의미 없는 결과로 귀결되는 경우도 적지 않기 때문이다. 대학원 생활을 하는 동안 새로운 발견을 해낸 것 같다가도 얼마 후 별다른 발견이 아니라는 것을 몇 번이고 확인하게 된다. 이렇게 몇 년이나 헛다리를 짚고 나면 허탈감에 힘이 빠지다가 제자리걸음만 하며 발전이 없다고 느낀다. 끝에 가서는 자신이 재능이 없다고 생각하기 시작한다. 지극히 정상적인 과정이다.

지금에서야 안 사실이지만 이 과정이 대학원생이 자기 연구 분야의 박사가 되는 과정이다. 특정 연구 대상을 기준으로 다양한 연구 방법을 시도하고, 다양한 방향으로 연구를 확장해가다 보면 지식의 범위가 확장된다. 이 방법을 꾸준히 수행하면 해당 분야에 관한 다양한 지식이 자연스레 쌓인다. 전혀 다른 연구 분야로 자리를 옮기더라도 다양한 방법으로 연구를 수행해본 경험이 있으니 옮긴 분야에서도 다양한 시각과 방법으로 연구를 수행할 수 있다. 즉 박사가 된다. 나의 편광 연구는 4년 동안 헛다리를 짚고 있었다.

답답하게 진행되던 나의 연구에 급격하고도 긍정적 변화가 일어났다. 독일의 막스플랑크연구소에 방문한 것이다. 막스플랑크연구소는 1948년에 설립된 세계적인 연구기관으로 독일 안팎에 있는 80여 개의 독립적인 연구소를 아울러 일컫는다. 천문학, 수학, 물리학, 화학 등 자연과학뿐만 아니라 심리학, 인류학, 미학 등 인문·사회과학 분야 역시 상당수 연구되고 있다. 내가 방문했던 연구소는 막스플랑크 태양계연구소Max Planck Institute for Solar System Research다. 당시에는 독일 중부 지역의 린다우라는 작은 동네에 있었는데, 현재는 바로 옆에 있는 큰 도시 괴팅겐으로 옮겼다. 내가 다니던 대학원에서 막스플랑크 태양계연구소와 연계해 학점을 주는 과정이 신설된 덕분에 나도 신청하여 몇 주간 그곳 연구자들과 연구할 기회를 얻었다. 그런데 아쉽게도 막스플랑크 태양계연구소에는 나의 연구 주제인 편광 연구를 하는 연구자가 없었다. 대신 연구소에 있는 동안 달 과학을 연구하는 우스 몰Urs Mall 교수 연구실에서 연구하게 되었다.

막스플랑크연구소에 도착한 나는 곧바로 몰 교수와 미팅을 한 뒤 연구실 학생들을 대상으로 내 연구에 관해 발표했다. 발표를 계속 듣고 있던 빅토르 코로힌Viktor Korokhin 박사님이 나에게 많은 질문을 했다. 코로힌 박사님은 우크라이나 하르키우에 있는 카라진국립대학교의 천문학 연구소에서 달 영상 자료를 처리하는 프로세스를 개발하는 일을 주로 하는 분이었다. 당시 카라진국립대학교는 전 세계에서 편광으로 달 관측을 한 거의 유일한 연구기관이었다. 전 세계에서 나에게 가장 필요한 딱 한 명이 그 자리에 있었다. 막스플랑크연구소 연구원도 아니고 4주간 초청을 받아 방문한 그 시점에 나 역시 방문한 것이다.

    행운이었다. 나는 인생에 운이 미치는 요소가 매우 크다고 믿는다. 태어난 국가, 부모, 환경, 유전 등 인생에 큰 부분을 차지하는 조건들은 대부분 운적 요소에 의해 결정된다. 어떤 일의 성패에도 운은 상당히 중요하다. 답답하던 일을 진척시킬 노하우를 가진 전 세계에서 단 한 사람을, 우연히 다른 나라에서 만날 확률은 얼마나 될까? 코로힌 박사님과의 만남은 단순한 우연을 넘어선 특별한 사건이었다. 코로힌 박사님의 사무실은 나와 다른 층이었으나 나는 내 자리보다 코로힌 박사님 사무실에 더 오래 있었다. 매일 가서 궁금한 점을 물어보고 밥도 같이 먹고, 지금 생각하면 엄청 귀찮게 했다. 코로힌 박사님과 나의 방문 일정이 겹치는 시간은 2주에 불과해 최대한 이 기간 내에 모든 것을 배우고 싶었다. 물론 이미 안면을 튼 상태였으니 한국에 돌아와도 이메일로 질문할 수 있었지만, 이메일보다 오프라인으로 소통하는 것이 더 정확하고 빠른 것은 말할 필요가 없다.

이 만남을 정말 행운이라고 말할 수 있는 이유 가운데 하나는 코로힌 박사님을 만난 시점이다. 나는 수개월 동안 자료 처리 방법에 대해 고민하고 또 고민하던 차였다. 내가 할 수 있는 온갖 방법을 다 시도해본 상태였기 때문에 내가 무엇을 모르는지, 당시 나에게 필요한 것이 무엇인지를 정확히 알고 있었다. 그래서 코로힌 박사님에게 핵심적인 내용들을 명확하게 물어볼 수 있었다. 아마 10개월 일찍 만났으면 이 만남이 나에게 그렇게 강렬하지는 않았으며, 그때처럼 많은 질문을 하지 못했을 것이다. 코로힌 박사님은 자신의 전문적인 지식과 책으로는 알 수 없는 노하우를 아낌없이 공유해주었고, 이후 내 연구는 엄청나게 진전되었다.

3장

달 탐사를 꿈꾸다

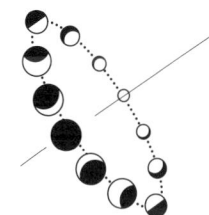

첫 발표가 베스트

한국우주과학회(KSSS, The Korean Space Science Society)가 열렸다. 한국우주과학회는 천문학과 우주과학 분야에서 거의 유일하게 공학자와 과학자가 함께 참석하는 학회이며, 우주탐사 관련 연구가 많이 발표되는 중요한 학회다. 대학원생이었던 나는 이렇게 중요한 학회에서 처음으로 구두 발표를 하는 날이라 다소 긴장하고 있었다.

학회 발표 방식은 크게 구두 발표와 포스터 발표가 있다. 구두 발표는 말 그대로 자신의 연구 성과를 PPT 자료와 함께 말로 설명하는 발표로, 발표자가 12분간 발표한 후 3분간 질의응답을 하는 형식이 일반적이다. 자신의 연구 결과에 관해 짧은 시간 동안 이제 막 대학원에 입학한 대학원생과 전공 교수까지 모두 만족시킬 수 있는 발표를 해야 한다. 대학원생을 위해 너무 쉬운 내용으로 발표를 진행하면 교수에겐 시시한 발표가 되고, 교수에게 초점을 맞추면 기본적으로 알아야 하는 내용을 건너뛰고 발표하게 되므로 논리의 공백이 생겨 대학원생은 이해하기 어려운 발표가 될 수 있다. 그래서 연구의 핵심적 내용을 간결하고 확실하게 소개하는 논리 구조를 짜는 것이 아주 중요하다.

포스터 발표는 자신의 연구에 관해 발표할 내용을 보통 1×1미터 크기의 종이나 천에 그림과 글로 작성해 지정된 자리에 붙여두면, 해당 연구에 관심을 가지고 찾아오는 사람들을 대상으로 발표한다. 대부분 한 명이나 소수를 대상으로 설명한다. 상대방의 반응이나 관심도에 맞추어 발표하기 편하고, 발표 시간도 비교적 자유로워서 자신의 연구를 이해시키기기도 수월하다. 그런 이유로 발표가 익숙하지 않고 연차가 낮은 대학원생은 주로 포스터 발표를 하고, 연차가 쌓이면 구두 발표를 진행하여 경험을 쌓는다. 첫 구두 발표는 그 대학원생의 발표력을 제대로 보여주는 일종의 데뷔 무대라 꽤 중요하다. 미래의 내 상사, 동료 연구자들에게 연구자로서의 첫인상을 남기는 일이기도 하다.

첫 학회 발표가 잡히면 연구실 선배들이 리허설을 봐주거나 의견도 내면서 도움을 많이 준다. 발표자의 긴장을 풀어주기 위해 옆에서 농담도 하고 자신감도 불어넣으며 서로 격려해준다. 그런데 평소에 '나는 강심장이다'라고 주변 사람들을 세뇌시켜왔기 때문인지 연구실 선후배와 동료들의 관심에 나는 없었다. 사실 나는 새가슴이다. 다른 사람들 앞에서 발표할 때 유명한 교수님이 내가 모르는 내용을 질문하거나 외국인의 질문을 못 알아들을까 봐 걱정하다가 어느 순간 귀가 달아오르고 목이 바짝바짝 타면서 심장이 벌렁벌렁한다. 이런 상황까지 오면 올림픽 금메달리스트처럼 '나는 할 수 있다'는 다짐 같은 건 전혀 소용이 없다. 올림픽 금메달리스트야 결승전 하루를 위해 몇 년을 피땀 흘려 훈련해왔으니 자기 확신이 굳건하겠지만, 연구실에 콕 박혀 컴퓨터 모니터만 바라보며 '이럴 리가 없는데……'를 반복하다 학회 기간에 떠밀려 빈틈투성이 연구 결과를 발표하는 대학원생은 아무런 확신을 가지지 못한다. 그래서 나는 주변 사람을 세뇌시키기 시작했다. 마치 내가 강심장을 가진 사람인 것처럼 주변 동료들이 발표에 관해 말할 때에도 별것 아니라는 듯 행동했다. 주변에서도 서서히 나를 강심장이라고 말해주기 시작하면 이것이 타인의 평판이 되어 스스로도 강심장을 가진 사람이라고 속게 된다. 적(남)을 속이기 위해 아군(나)을 먼저 속이는 것이 아니라, 나를 속이기 위해 남을 속이는 작전이다. 그렇게 나는 타인의 평판에 세뇌되어 강심장인 척 발표를 진행했다.

당시에는 한국에서 달 탐사에 관해 발표하는 사람은커녕 달 과학 자체를 발표하는 사람조차 드물었다. 그래서 달 과학 분야만 따로 세션을 만들지 못하고, 다른 태양계 분야의 과학 연구들과 함께 발표 시간이 구성되곤 했다. 태양계와 전혀 상관없는 분야들과 묶여서 구성될 때도 있었다. 생각해보면 당연하다. 우리나라의 학문은 사실상 공학에 가까운 응용과학 분야가 주류를 이룬다. 대학은 취직이 더 잘되는 응용과학 분야에 더 적극적으로 학생들을 모집하고 지원한다. 사정이 이렇다 보니 대부분의 대학은 응용과학 분야의 학생들이 많고, 상대적으로 이론학문 분야는 비주류 학문이 될 수밖에 없다. 이론을 다루는 분야인 물리학, 수학, 화학, 천문학

등은 온전히 독립된 학과로 존재하는 대학이 별로 없다. 대부분 응용물리학, 응용수학 같은 이름으로 학과를 만든다. 게다가 이런 이론학문 분야에서도 천문학은 비주류다. 물리학이나 화학은 그래도 취업 기회가 천문학보다 열려 있다. 물리학과는 전자기학, 양자역학, 통계역학 등을 공부하기 때문에 반도체 관련 업종으로 취업하는 경우가 많고, 화학과는 화장품이나 의약품 분야로 많이 취업한다.

    이렇게 열악한 환경을 지닌 천문학에서도 행성과학은 우리나라에서 비주류다. 비주류 중 비주류 중 비주류인 셈이다. 행성과학에서 경쟁력을 가지려면 우주탐사 임무를 통한 관측·측정 자료들을 분석해 연구하는 방법이 제일 좋지만, 우리나라는 달 탐사선 다누리 전까지는 지구를 벗어난 우주탐사 임무를 수행한 적이 없다.

    발표장에는 여러 분야의 연구자들이 모여 있었다. 이제 막 시작되는 분야에 대한 관심도 컸다. 나의 발표 바로 전에 진행된 발표 도중 작은 문제가 생겼다. 준비한 발표 자료가 화면에 나오지 않았던 것이다. 여기서 5~10분 정도 지체되었다. 어찌어찌 해결돼 발표가 끝나고 드디어 내 차례가 되었다. 앞선 발표가 시작될 때에는 긴장감이 컸으나 해프닝이 생기자 오히려 마음이 차분해졌다. 어차피 모두 사람이 하는 일이고 실수할 수 있다는 생각에 긴장이 풀리면서 점차 시야가 넓어지기 시작했다. 앞에 앉아 있는 교수들도 나보다 내 연구를 더 잘 아는 사람은 없을 것이라는 생각이 들자 점차 자신감이 나를 채웠다.

"시간이 조금 지체되어 간략하게 핵심적인 내용만 발표하겠습니다"라는 말로 발표를 시작했다. 12분에 맞추어 발표 대본을 준비했지만 시간이 부족해 더 짧은 시간 안에 해야 했다. 나는 기존에 준비했던 12분짜리 대본은 머릿속에서 지우고 꼭 필요한 말들만 하나씩 언급하며 발표를 진행했다. 미리 준비했던 발표 대본 그대로 읽었다면 분명 딱딱한 발표가 되었을 것이다. 이번에는 앞서 벌어진 해프닝 때문에 반강제적으로 준비한 대본대로 할 수 없었고, 더 제한된 시간에 발표를 진행해야 하다 보니 오히려 살아 있는 언어로 핵심만 말할 수 있었다. 발표는 성공적이었고 많은 질문을 받았다. 단상에서 내려오며 지도교수님과 눈이 마주친 순간 내게 엄지를 들어 보였다. 2009년부터 지도를 받아온 이래 처음 받는 칭찬이었다. 그 후로 수십, 수백 번 발표를 했는데도 아직까지 첫 학회 발표가 가장 매끄럽고 만족스럽다.

발표가 끝나고 난 후 세션 전체가 끝나야 본격적인 학회가 시작된다고 할 수 있다. 세션에서 하는 발표는 내 연구의 결과를 소개하고 홍보하는 것이 목적이다. 그래서 발표가 성공적으로 끝나면 세션이 끝난 후 관심 있는 연구자들이 찾아와 궁금한 사항을 묻거나 자신의 연구 아이디어 등을 알려주기도 한다. 발표한 연구의 확장판 연구가 다른 연구자들의 아이디어와 더불어 시작될 기회가 생긴다. 학회에서 내가 발표한 주제는 달 표면의 입자 크기를 이용해 달의 스월lunar swirl이 어떻게 생성되는지에 관한 연구 결과였다.

스월은 자기장이 거의 없는 달 표면에서 상대적으로 자기장이 강한 지역이다. 크레이터 같은 일반적인 지형과는 다르게 밝고 구불구불한, 아름다운 패턴을 보여줘 많은 관심을 받고 있다. 어떻게 형성되었는지에 관해서는 아직 알려지지 않았다.

발표가 끝나고 지도교수님과 연구 이야기를 하고 있는데, 처음 보는 두 분이 찾아와 악수를 청했다.

"안녕하세요. 한국천문연구원 최영준, 김명진입니다."

"안녕하세요. 김성수, 정민섭입니다."

광시야 편광카메라가 시작된 만남이자 나의 현재 보스와 미래

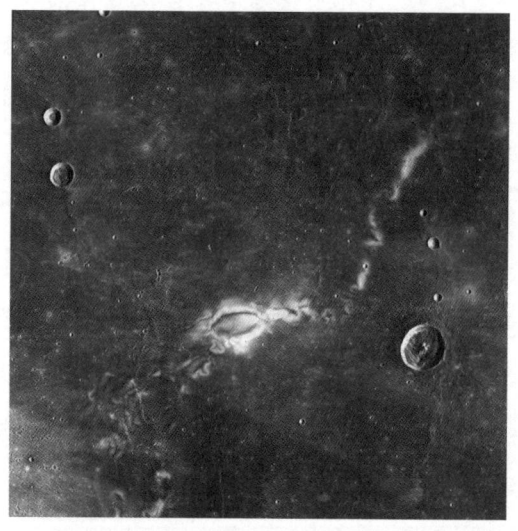

◎ 다누리의 폴캠으로 촬영한, 달의 자기 이상 지역 가운데 하나인 라이너 감마 스월Reiner Gamma swirl

보스의 만남이었다. 무엇보다 내 인생을 크게 바꾼 순간이었다. 최영준 박사님은 동그란 얼굴에 웃는 눈과 짧은 머리, 두툼한 손을 가진 선한 인상이었다. 김명진 박사님은 키가 크고 밝은 얼굴의 연구자로 나보다 너댓 살 많아 보였다.

"발표 굉장히 잘 들었습니다. 발표한 내용을 우주탐사기기로도 이용할 수 있을까요?."

최영준 박사님의 성격이 잘 드러나는 한마디였다. 그는 벽이 없는 사람이다. 자신이 그리는 큰 그림에 필요한 사람이라면 그 사람의 지위, 출신, 나이 등 배경은 상관하지 않고 존중한다. 추진력도 굉장히 좋아서 자신이 세운 목표를 향해 곧바로 돌진한다. 중간에 어떤 장애물이 있어도 모든 수단과 방법을 동원해 극복하는, 도전적이고 강력한 의지를 가진 사람이다. 그래서 내가 존경하는 연구원이다. 개인적인 생각으로 최영준 박사님이 없었으면 한국의 우주탐사 영역은 지금 수준에 이르지 못했을 것이다.

다른 사람이었다면 궁금한 점을 발표자인 학생보다 지도교수에게 물었을 텐데 최영준 박사님은 곧바로 나에게 질문했다. 나중에 안 사실이지만, 최영준 박사님의 연구팀은 달 탐사의 필요성을 느껴 관련 연구자들을 모으고 있었다. 우리 넷은 상당한 시간 동안 우리의 연구를 달 탐사 임무로 확장하기 위한 가능성을 논의했다. 이때부터 우리는 정기적으로 만나 달 탐사용 편광카메라를 현실화시키기 시작했다.

행성과학 어벤져스의 시작

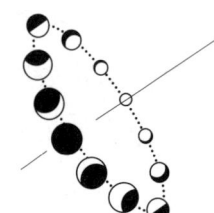

최영준 박사님과의 만남을 계기로 나는 한 달에 한 번씩 한국천문연구원(이하 천문연)의 '행성과학 연구모임'에 발을 들여놓게 되었다. 행성과학 연구모임은 최영준 박사님과 문홍규 박사님을 주축으로 만들어졌다. 국내 행성과학 전문가들이 모여 각자 연구 내용을 발표하고 최신 연구를 소개하는 연구자 모임이다. 보통 다섯 명에서 일곱 명 정도 소규모로 모이다 보니 친분이 쌓이자 대학 동아리 같은 느낌이 들었다. 모임에서는 무겁고 심각하게 토론을 하기보다 부담 없이 가볍게 최근 연구 동향을 살펴보고 각자의 의견을 나누었다. 그래서인지 달 탐사 과학 자료나 소행성 탐사 과학 자료를 다룬, 국내에서 할 수 없는 상당히 도전적인 연구들을 주로 다루었다. 우리나라는 달이나 다른 행성을 탐사하는 구체적인 계획이 없었기에 특별한 연구 목표가 있는 것도 아니어서 참가자들의 연구 분야도 목성, 토성의 대기, 화성의 화산, 소행성 등 아주 다양했다. 우리나라 행성과학계를 발전시키기 위한 사람들의 비밀 결사대 같았다. 소수가 모여 앞으로 우리나라 우주 탐사를 내 멋대로 계획해보는 모임. 물론 그 계획은 어떤 공신력도 없으며 누구 하나 물어보지도 않았고, 알아보려는 사람도 없었으니 우리끼리 즐거울 뿐이었다.

행성과학 연구모임을 하면서 내 연구도 속도가 붙었다. 다른 연구자들이 직접적인 도움이나 조언을 주는 것은 아니었다. 내 연구 결과를 지속적으로 모임의 연구자들 앞에서 발표하고, 박사나 다른 학생들과 함께 토론하면서 연구의 관점을 다양하게 넓힐 수 있었다. 연구에서 가장 중요한 부분 가운데 하나가 자신의 연구를 객관적으로 보는 일이다. 하나의 연구 주제를 몇 개월씩 파다 보면 자신의 관점에 매몰돼버리기 때문이다. 연구자도 인간인지라 점차 자신이 믿고 싶은 대로 현상을 이해하려는 경향으로 빠지기 쉽다. 그런데 내 연구에 관해 어느 정도 이해하고 있는 경험 많은 연구자들이 한마디씩 해주는 조언은 내 연구를 또 다른 관점으로 바라보도록 만들었다.

행성과학 연구모임에서 자유로운 토론을 하며 특히 박사들이 어떻게 토론에 임하는지, 논리의 전개 방식은 어떤지, 추측한 내용을 논의할 때 어떻게 접근하는지 등 많은 부분에서 배웠다. 이런 점은 지도교수로부터 배우기 어려운 면이 있다. 대학원생에게 지도교수는 신과 같은 존재다. '천재는 교수가 될 수 없다. 교수는 초천재가 되는 것이기 때문이다'라는 말이 있을 정도로 학생은 교수를 신격화한다. 따라서 나의 졸업(생사여탈)을 결정하는 지위에 있는 지도교수와 자유로운 토론을 한다는 것은 굉장히 어려운 일이다.

나의 졸업에 직접적으로 관여하지 못하지만, 지도교수와 비슷한 학문적 소양을 갖춘 여러 박사와 자유로운 토론을 하는 경험은 엄청 귀중하다. 나도 외부의 박사님들에게 나의 의견을 피력할 때 비교적 더 자신 있게 말할 수 있었다. 직속상관이 아니기 때문이다. 물론 나의 지도교수님은 이런 점에서 상당히 열려 있는 분이었다. 학생들에게 항상 존칭을 쓰고 동등하게 대했다. 함께 식사하던 어느 날 해준 말씀이 아직도 기억난다.

"대학원생과 교수는 결국 동료예요. 당장은 교수가 우월적 지위에 있지만 학생이 졸업하고 나면 계속 같이 연구할 같은 분야의 동료이고, 교수가 늙고 총기가 약해지면 더 젊고 생생한 제자가 더 활발하게 해당 분야의 연구를 주도하게 될 텐데, 그렇게 되면 교수가 을이 됩니다."

나는 이 말이 크게 와 닿았다. 지금은 내가 우월적 지위에 있는 관계라 해도 멀리 보면 절대 그렇지 않다는 당연한 이치를 배웠다. 후배와의 관계도 그렇다. 지금은 내가 몇 년 선배라 후배보다 앞서 있는 관계이지만, 몇 년만 지나면 나보다 더 똑똑한 후배들이 엄청나게 많을 터다. 단지 몇 년 먼저 경험했다고 해서 후배들에게 거들먹거리면 안 된다. 생각해보면 내가 좋아하는 선배들은 모두 후배를 존중해주었다. 나의 지도교수님도 후배들, 심지어 제자들까지 자신과 동등한 학자로 대해주었다. 그럼에도 불구하고 교수와 제자의 관계는 상하관계가 명확하기 때문에 자유로운 토론이 제한적이다. 이에 비해 행성과학 연구모임은 나보다 학문적으로 높은 성취를 이룬 박사님들과 하는 자유로운 토론의 장이었다.

행성과학 연구모임은 해외의 연구 결과를 소개하는 일이 많아서 주로 해외 우주탐사선들의 자료를 활용한 연구를 다뤘다. 당시에는 중국이 달 탐사 계획, 즉 창어Chang'e mission를 발표하고 실행에 옮기면서 많은 주목을 받고 있었다. 2007년 창어 1호를 시작으로 2018년까지 전 세계에서 이뤄진 열한 번의 달 탐사 가운데 여섯 번이 중국 탐사선이었으니, 중국이 얼마나 공격적으로 달 탐사를 수행했는지 알 수 있다. 그래서 달 과학계에서는 중국의 달 탐사 러시에 많은 관심을 가지고 있었고, 우리 역시 마찬가지였다. 중국은 누구보다 많은 최신 달 과학 자료를 보유한 국가가 되었다. 하지만 중국의 특성상 외국인이 중국 탐사선의 과학 자료에 접근하기 어려웠다. 우리는 어떻게 하면 중국 탐사선의 과학 자료를 얻을 수 있을지 고민하면서 중국인 친구를 만드는 방법, 중국과 같이 일할 수 있는 방법 등을 이야기하기도 했다. 어떻게 생각해보아도 과학 자료를 공유하며 함께 연구하는 방법은 한계가 있었다. 한 국가의 많은 예산을 투입해 얻은 자료를 당연히 쉽게 얻을 수는 없다. 행성과학 연구모임은 점차 우리나라만의 우주탐사에 많은 관심을 가지게 되었다.

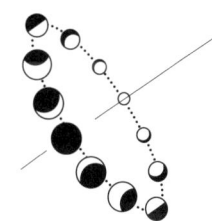

대한민국, 달 탐사 경쟁에 합류하다

달 탐사 경쟁이 심화되고 있다. 미국, 중국, 러시아, 일본, 인도, 유럽연합, 아랍에미리트, 사우디아라비아 등 세계 각국이 달에 기지를 건설하기 위해 경쟁하는 시대다. 미국은 1960~1970년대 유인 우주비행 탐사 계획이었던 아폴로 계획Apollo Program의 영광을 재현하기 위해, 달에 사람을 영구 거주시키는 것을 목적으로 아르테미스 계획Artemis Program을 가동하고 있다. 중국은 미국의 경쟁자로서 달에 사람을 보내 거주시키는 프로그램을 독자적으로 가동하고 있고, 인도는 얼마 전 세계 최초로 달의 남극에 무인 탐사선을 착륙시켰으며, 러시아와 일본 역시 연일 달 표면에 착륙선을 보내고 있다.

20여 년간 달 표면에 100회 이상 달 탐사선을 보냈던 미국과 소련(현재 러시아)의 냉전시대 기술 경쟁을 보는 것 같다. 당시와 다른 점은 더 이상 미국과 소련처럼 초패권 국가 사이의 경쟁이 아니라, 여러 국가가 다양한 시각과 전략으로 달 탐사에 나서고 있다는 것이다. 달 탐사선을 개발할 여건이 안 되는 국가들은 저렴하게 우주 기술을 개발할 수 있는 소형 큐브위성을 만들어 우주탐사 시대를 대비하고 있다. 이 분야에서 일하고 있는 나조차 따라가기 버거울 만큼 빠르게 변하고 있다.

    달 탐사는 국가의 전유물이었다. 정확히는 부유한 국가들의 정치적·이념적 가치가 투영된 계획이었다. 그래서 달 탐사는 대통령이 기자회견장에서 희망과 확신에 찬 목소리로 '우리는 달에 갑니다!'를 외치며 시작된다. 정부에서 정책의 방향을 정하고, 과학자와 공학자들에게 계획을 수립하게 하는 탑-다운 방식top-down method이다. 이런 방식에서는 민간인이 달 탐사 임무에 참여할 수 있는 기회가 거의 없다. 정부가 탑-다운 방식으로 정책을 발표할 때에는 이미 우리나라 기술 수준이 어떤지, 어떤 연구기관이 어느 정도 역량을 지니고 있는지, 어떤 기술을 새로 개발해야 하는지 모두 조사하고 실현 가능성을 검토하는 과정을 끝마친 다음이기 때문이다. 그래서 정부는 가장 기술적으로 완성도가 높은 정부출연연구기관(이하 출연연)의 연구자를 중심으로 일을 계획하게 되고, 대부분의 정부 주도 사업은 자연스레 출연연의 연구자가 맡아서 임무를 수행한다.

    대부분 국가가 주도해 우주탐사를 수행하고 있지만 미국은 민간기업이 우주탐사선을 개발하고 운영하는 기회를 주고 있다. NASA의 CLPSCommercial Lunar Payload Service 사업이다. 민간기업이 달 탐사선을 만들고, NASA는 과학탑재체를 만들어 달 탐사 임무를 수행한다. 과거 NASA가 만들던 발사체와 탐사선을 민간기업에 맡기는 것이다. 미국은 이미 우주산업 전반을 발전시키기 위한 인프라 확장 작업에 들어갔다. 정부는 기업을 육성해 우주산업 인프라를 확립하고, 기업은 NASA로부터 안정적으로 기회를 제공받아 기술개발을 수행하면서 이윤을 창출하는 구조다.

여기서 재미있는 점은 기업이 NASA에 제공하는 탐사선에 NASA의 탑재체 외에 다른 것이 있어도 문제가 없다는 것이다. 즉 NASA가 요구하는 시간과 위치에 물건을 잘 배달해주기만 하면 된다. 기업 입장에서는 NASA가 요구하는 과학탑재체만 탐사선에 실어서 보낼 이유가 없다. 더욱 큰 탐사선을 만들어 NASA 말고도 다른 사람들에게 돈을 받고 물건을 달에 보내주면 더 많은 이윤을 창출할 수 있다. 이렇다 보니 미국의 민간 달 착륙선 사업에 뛰어든 기업들은 NASA의 탑재체 외에도 다른 물건을 탑재할 수 있는 큰 탐사선을 만들기 위해 노력한다. 이 과정에서 기업은 높은 이윤을 기대하며 기술을 발전시키기 위한 강력한 동기를 얻는다. 기업들은 독자 개발한 기술을 학회 등에서 계속 발표하면서 기술력을 홍보하고, 고객을 확보하고자 노력한다. 이런 활동은 기업들 간에 경쟁이 활발해지는 기폭제가 되어 기술개발 경쟁의 선순환 구조가 만들어진다.

지금은 민간 탐사선을 개발하는 기업들에게 달 탐사와 아무 연관이 없는 개인이라도 돈만 지불하면 내가 원하는 물건을 달에 보낼 수 있다. 아직은 개인이 보내고자 하는 물건에 대한 우주환경 인증을 직접 해야 하므로 어려운 점은 있다. 우주환경인증이란 우주 환경에서 장비나 물품이 극한의 온도, 진공, 방사선 등에 견딜 수 있는지를 시험·검증하여 우주 임무에 안전하게 사용할 수 있음을 입증하는 절차다. 그렇지만 기업들의 기술 수준이 높아진다면 민간인의 우주 진출이 더욱 쉬워질 것이다.

우리나라는 미국을 제외한 다른 국가들과 마찬가지로 아직 국가 주도의 우주탐사를 수행하고 있다. 기술이 성숙하지 않았을 뿐만 아니라 국가에서 주도하지 않으면 기업이 이윤을 만들어낼 수 없는 수준이다. 우리나라의 첫 번째 달 탐사선인 다누리도 탑-다운 방식에 따른 정부 연구개발 사업이다. 다누리 사업이 시작될 당시 나는 대학원생이었다.

대선을 앞둔 시점이었다. TV에 나온 대통령 후보들이 앞다투어 달 탐사 시대를 열겠다고 공언했다. 신혼이었던 나는 아내와 함께 TV를 보며 반 농담으로 "이기는 편 우리 편!"을 외쳤다. 달 탐사가 정부 계획에 언급되기 시작한 시기는 2007년부터다. '우주개발진흥 기본계획'에 달 탐사 계획이 포함되었는데, 2020년에 달 궤도선을, 2025년에 달 착륙선을 보낸다는 계획이 큰 틀이었다. 내가 거대 양당 대통령 후보들의 공약에도 낙관적이지 않았던 이유는 달 탐사가 계획대로 진행된다 해도, 이번 대통령 임기 중에는 달 탐사선을 발사하지 못하기 때문이다. 정치인에게는 표를 얻고 자신들이 했던 성공적인 정치 활동을 홍보하기 위해 "우리는 마침내 달에 왔습니다!"를 누가 외치는가가 중요할 뿐이다. 현재 대통령은 자신의 정권에서 투자하고 계획한 업적이 다음 대통령의 임기 중에 완성된다면 그다지 달갑지 않을 것이다.

달 탐사 사업은 5년이라는 짧은 대통령의 임기 동안 완성할 수 있을 만큼 만만한 연구개발이 아니다. 우주탐사 사업은 매우 복잡한, 그리고 신뢰성 높은 시스템을 개발하는 사업이므로 처음 추진하는 우리나라에게 5년은 결코 충분한 시간이 아니다. 더욱이 우주탐사 사업은 연구개발 중에 예기치 못한 일들이 발생하는 경우가 아주 많다. 새로운 기술을 개발하는 과정에서 예상했던 일정보다 훨씬 많은 시간이 걸릴 수도 있고, 해결하기 어려울 것이라고 생각했던 문제가 의외로 빨리 풀리기도 한다. 일정의 변동성이 매우 크다. 우주개발 사업 분야에서 세계 최고라는 미국조차 계획한 일정대로 진행된 사업이 거의 없다. 연구자들은 사업 일정이 미루어질 가능성이 매우 높고, 발표된 일정은 아무 문제 없이 이상적으로 사업이 진행되는 경우에나 가능하다는 점을 모두 받아들이고 있다. 결국 정치인이 자신의 업적이 되지 못할 연구개발에 투자하는 것은 쉽지 않다. 그래서 우주탐사 사업은 늘 후순위로 밀려나 버린다.

왠지 이번에는 진짜 우리나라가 탐사선을 만들어 달에 보낼 것만 같았다. 유력 대통령 후보 모두 달 탐사를 강력하게 주장했고, 언론이 크게 보도하면서 국민적 관심이 고조되었기 때문이다. 무엇보다 일본이 달 탐사뿐만 아니라 기술적 난도가 높은 소행성 탐사까지 성공했으며, 지속적으로 우주탐사 임무를 수행하고 있다는 뉴스가 계속 나오고 있었다. 우리의 영원한 라이벌인 일본의 우주탐사 성과가 알려지며 범국민적으로 달 탐사의 필요성이 대두되었다. 미국이 명왕성 탐사를 하면 '역시 대단해' 하고 말지만, 일본이 하면 '우리는 뭐해?' 하는 것이 대한민국이다. 이후 한국형 달 탐사 시험용 달 궤도선KPLO, Korea Pathfinder Lunar Orbiter(다누리) 사업이 2014년 9월, 예비타당성조사를 마치고 공식적으로 시작되었다.

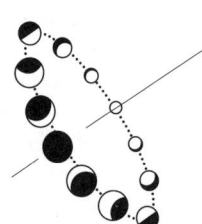

3년 만에 달에 갈 수 있을까

달 탐사 임무처럼 국민적 관심이 큰 사업은 정치적으로 자유롭지 못하다. 정부의 예산을 사용한다는 것은 국민의 세금을 사용한다는 뜻이다. 야당은 예산 사용의 정당성을 공격하기 좋고, 여당은 정치적 성과물로 선전하기 좋은 대상이다. 이런 상황에서 초기 기획 단계에 많은 과학자가 한곳에 모여 수없는 고심과 장고 끝에 작성한 계획은, 제출 단계에서 많은 수정을 거치게 되어 대부분 초기 기획 의도와 상당히 달라진다. 물론 과학자의 이상만이 옳은 길은 아니다. 국민의 세금을 사용하는 사업이니 당연히 국민의 생활과 국가의 미래에 좋은 영향을 주도록 계획해야 한다. 그러나 과학 연구 사업은 미래를 위한 투자다. 지금 바로 해야만 하는 기술 발전이나 제품 개발이 아니다. 초등학생을 수학 학원에 보내며 생산성이나 경제 효과를 고려하지 않듯이 과학 연구 사업에 생산성이나 경제 효과 등을 평가 항목에 넣는 것은 적절하지 않다고 생각한다. 우리나라 정부에서 주도하는 사업 체계는 아직 이런 사항들이 세심하게 구분되어 있지 않다. 많은 사람이 평가 항목에 있는 경제성 분석에 의문을 제기하지만 법이 그러니 따를 수밖에 없다. 달 탐사 사업도 기획 단계부터 많은 어려움이 있었다.

한국형 달 탐사 사업은 갑작스럽게 시작되었다. 2012년 12월, 박근혜 대통령 후보가 TV 토론에서 2020년 달 착륙선을 발사하사고 주장하면서부터다. 당시 유력 대통령 후보였던 박근혜 후보의 발언은 파급력이 대단했고, 과학계에도 큰 반향을 불러일으켰다. 대부분은 국내 기술이 아직 검증되지 않았으므로 시일이 촉박하다는 반응을 보였다. 나도 달 표면에 착륙선을 수년 만에 보낸다는 게 극히 어려운 일이라는 것을 알면서도 즐거웠다. 당연하지만 과학은 언제나 도전하는 것이다. 컴퓨터가 인간을 바둑으로 이기는 것은 불가능하다고 여겼지만, 누군가는 도전했고 지금은 인간이 컴퓨터에게 바둑을 배우고 있다. 이처럼 미지의 영역에 도전하는 것이 과학이고 과학자들은 언제나 이런 순간에 가슴이 뛴다. 나

역시 과학자였다.

　인류 역사상 가장 유명한 우주탐사 계획은 아폴로 계획일 것이다. 인간이 처음으로 달에 착륙하는 장면을 TV로 전 세계에 동시 송출했으니 얼마나 큰 모험이었을지 상상조차 되지 않는다. 개인적으로 인간이 해낸 가장 위대한 발걸음 중 하나라고 생각한다. 미국의 존 F. 케네디 대통령이 아폴로 계획을 발표할 때 한 유명한 연설은 우리가 과학을 어떻게 발전시켜나가야 하는지 잘 보여준다.

> 우리는 달에 가려 합니다. 이 10년이 끝나기 전에 우리는 달에 사람을 보내고, 그를 안전하게 지구로 귀환시킬 겁니다. 다른 많은 이유들이 있지만, 우리가 달에 사람을 보내려는 이유는 이 일이 어렵기 때문입니다. 이 목표가 어렵기 때문입니다. 우리는 우주를 탐험할 것입니다. 달에 착륙할 것입니다. 나는 우리가 어려움을 선택하고 이미 시작한 것을 계속해나가며, 목표를 달성하는 것에 우리의 역량을 집중하기 바랍니다.
>
> 　— Space Speech 중

　케네디 대통령은 달에 가는 것이 어렵기 때문에 간다고 했다. 이 말의 이면에는 인간 지식의 한계, 기술적 한계, 정치적인 상황 등 많은 의미가 담겨 있다. 이 모든 의미를 담아 한마디로 '어렵기 때문'이라고 표현했다. 정말 적절한 표현이다. 도전이야말로 인간의 가장 근본적인 본성이 아닐까? 인간은 끊임없이 도전함으로써 지구라는 행성의 지배종이 되었다. 상대적으로 약한 몸을 보완하기 위해 무기를 만들고, 불을 사용하고, 사하라사막을 종단해 삶의 영역을 확장하는 등 수많은 도전을 해왔다. 우주탐사도 그와 같다. 어려운 일이기 때문에 도전하는 것이다. 케네디 대통령은 '우주를 탐험할 것, 달에 착륙할 것'이라는 목표를 제시하고, '이미 시작한 것을 계속해나가' 목표를 이룰 것이라고 했다. 그렇다. 과학은 무엇보다 지속이 중요하다. 1970년에 달 표면에 착륙선을 보냈던, 최첨단기술을 가진 러시아는 냉전 종식과 함께 달 탐사 사업을 모두 중단했다. 1969년 인도우주연구기구ISRO를 설립하여 자전거와 소달구지로 인공위성을 운반하던 인도는 작지만 꾸준히 투자한 끝에 2023년 8월 23일, 인류 최초로 달 남극에 무인 탐사선을 착륙시켰다. 반면 최고의 기술을 가졌던 러시아는 인도가 성공하기 직전인 나흘 전에 달 표면 착륙에 실패했다.

　러시아는 50년 전에 달 착륙선을 여덟 번이나 성공시켰다. 이미 50년 전 기술개발이 끝난 국가다. 그런데 왜 인도는 성공하고 러시아는 실패했을까? 러시아는 기술을 잃어버렸기 때문이다. 최첨단기술이나 과학은 한 명 한 명의 과학자와 공학자의 역할이 굉장히 중요하다. 개개인이 지닌 지식과 경험이 곧 인류 지식이 도달할 수 있는 최상의 수준이기 때문이다. 과학자와 공학자가 수많은 시행

착오 끝에 얻어낸 지식은 책으로 온전히 옮기기 어렵다. '5대째 할머니 손만두' 식당이 있다고 하자. 할머니가 아들, 딸, 손자에게 시간을 들여 비법을 전수하지 않으면 그 맛은 소실된다. 아들이 기업에 취업했다가 할머니가 돌아가신 후 장사가 잘되는 만둣집을 이어받는다고 해서 그 맛이 똑같이 날까? 할머니가 돌아가시기 전 유언으로 아들에게 레시피를 알려주었다고 해서 아들이 할머니의 만두 맛을 온전히 낼 수 있을까? 거의 불가능에 가깝다. 기술개발도 비슷하다. 러시아는 1970년대 달 탐사를 이끌었던 학자들의 대가 끊겼다. 반면 인도는 적은 인원과 예산으로도 끊임없는 개발이 이루어졌다. 인도의 달 탐사 과정을 보면 찬드라얀Chandrayaan 1호는 2003~2008년, 찬드라얀 2호는 2008~2019년, 찬드라얀 3호는 2019~2023년으로 중간에 공백기가 없다. 미래 달 탐사 계획도 연속해서 진행되고 있다. 만두 레시피를 계속해서 다음 세대에 전달하고 있는 것이다.

다행히 우리나라의 달 탐사 계획은 1단계와 2단계로 나누어 지속적인 과학 임무와 기술개발을 수행할 수 있는 틀을 만들어두었다. 한국형 달 탐사 계획은 2016년부터 2018년까지 3년간 개발 기간을 거쳐 달 궤도선 발사, 2016년부터 2020년까지 달 착륙선의 선행 연구를 수행하는 것으로 나누었다. 당장 달 궤도선을 보내겠다는 단발성 계획이 아닌 것은 환영할 만했지만, 2016년 1월에 시작하는 달 탐사 사업이 2018년에 탐사선 개발을 완료하고 발사한다는 것은 불가능에 가까웠다. 내 주변의 모든 사람 역시 불가능한 일정이라고 입을 모았다.

우주탐사선과 탑재체를 개발하기 위해 반드시 거쳐야 하는 단계들이 있다. 탐사선에 사용되는 모든 부품에 대해 최소 다섯 번 이상 설계 검토 회의를 거쳐야 하고, 설계대로 만들어진 부품은 우주환경인증 시험을 거쳐야 한다. 우주환경인증 시험은 크게 열·진공, 방사선, 충격·진동 그리고 전자파 적합성·간섭 시험 등이 있다. 열·진공 시험을 예로 들면 우주의 진공과 급격한 온도 변화에도 부품이 잘 적응해 작동에 이상이 없는지 검사하고 평가하는 것이 목적이다. 진공 체임버 안에 부품을 넣고 진공을 만들어준 다음 온도를 극단적으로 변화시키면서 개발한 부품이 온도 변화에 따라 문제없이 작동하는지 확인한다. 이때 체임버를 극단적인 진공 상태로 만들기 위해 체임버 안의 공기를 서서히 빼내는데, 이 작업이 수 시간에서 하루까지 걸린다. 그다음 진공 체임버의 온도를 우주에서 예상되는 최저온도와 최고온도를 오가며 부품을 시험하되 최저온도와 최고온도의 변화를 열 번 정도 반복한다. 온도 변화 시험만 일주일가량 걸린다.

이런 시험은 시간이 오래 걸리고 비용도 상당히 든다. 그래서 기기를 설계한 후 전문가들이 모여 철저히 토의하고 컴퓨터를 통한 분석이 완료돼 문제없을 것이라고 판단이 끝난 다음, 실험용 모델을 만들고 나서야 수행한다. 하나의 시험을 위해 무려 8개월에서

1년의 설계와 검토를 거친다. 이 시험이 끝난다고 해도 결과를 분석해 설계를 수정하고 분석하는 일을 또다시 8개월에서 1년 정도 수행한다. 같은 시험을 최소 네다섯 번 하므로 이 과정만 5년은 걸린다. 여기서 끝이 아니다. 부품 수준에서 했던 시험을 모든 부품을 조립한 상태에서 다시 시험하고, 분석하고, 재설계하는 과정을 거친다. 최종적으로 설계가 확정되면 그제서야 실제 우주로 갈 제품을 만든다. 아직 거쳐야 할 단계가 남아 있다. 우주용 제품은 수요가 거의 없기 때문에 부품을 만드는 회사들도 재고가 없다. 우주용 카메라 센서를 판매 회사에 구매 의뢰하면 납품까지 수개월에서 수년이 걸린다. 실험용 카메라를 만들어서 실험하고 싶어도 수개월에서 수년까지 기다려야 할 수 있다. 이런 물품을 롱 리드 아이템long lead item이라고 부르며, 이런 부품을 구하느라 개발 프로젝트 일정에 차질이 생기는 경우도 많다.

여러 가지 여건을 고려해 최상의 시나리오로 추산하더라도 사업을 시작하고 3년 만에 탐사선을 발사한다는 것은 우주탐사 분야의 최강국인 미국도 쉽지 않은 일이다. 현실적으로 이 계획이 예비타당성조사를 통과한다는 것은 말이 되지 않았다. 우리나라 최고의 전문가들이 예비타당성조사를 수행할 텐데 전문가들이 가능하다고 판단하리라 상상할 수 없었다. 그런데 예상을 엎고 이 계획은 빠른 속도로 통과되었다. 정치인은 이슈가 필요했고 공무원은 성과가 필요했으며, 과학자들은 이때가 아니면 언제 올지 모르는 기회를 잡아야 했다. 예비타당성조사 보고서를 평가하는 전문가들도 당연히 이 문제를 알고 있었을 것이다. 심사위원들 역시 과학자와 공학자들이라서 보고서가 현실과 동떨어져 있어도 일단 시작이 중요하다고 여겼다고 본다. 내 주변 과학자들의 합치된 의견이기도 했다. 또한 미국도 우주탐사 임무들은 으레 발사가 연장되니 우리도 어느 정도 사업 기한이 연장된다고 해서 크게 문제되지 않을 거라 생각했을 것이다. 아무튼 이 세 집단의 이익이 맞아떨어지며 우리나라의 역사적인 달 탐사 프로젝트가 시작되었다.

나는 달 탐사 사업의 시작부터 참여했다. 첫 사업단 미팅부터 연구 사업 연장을 당연하게 여기면서 현실적으로 가능한 가장 빠른 일정은 2020년이라고 모두가 판단하고 있었다. 다 알지만 아무도 입 밖으로 내지 않는 사실을 안고 달 탐사 사업은 2016년 1월에 시작되었다. 하지만 큰 꿈을 이루기 위해 시작한 이 사업은 정치적 철퇴를 맞으며 미래 동력을 잃어버렸다. 1단계 달 궤도선, 2단계 달 착륙선 사업으로 구상되었던 달 탐사 사업 가운데 2단계 달 착륙선 사업이 취소된 것이다. 사업 계획에 비해 진도가 느리다는 게 이유였다. 소리 소문 없이 진행되어 뉴스에서조차 찾아보기 힘든 작은 일이었지만 실망감이 컸다. 우주탐사에 뛰어든 이상 앞서 말했듯이 연속적인 프로젝트의 중요성은 이루 말할 수 없다. 러시아와 인도의 달 착륙선 사업이 알려주는 교훈이다. 우리는 현재를 위해 미래를 희생하게 되었다.

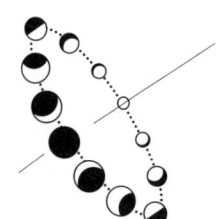

뜬금없는
사전공모의향서 모집

2015년 3월, 달 탐사 사업 예비타당성조사 기획보고서 작성팀이 과학탑재체 사전공모의향서 모집 공고를 냈다. 모집 공고를 본 나는 사전공모의향서가 도대체 무엇인지 의아했다. 앞으로 공모할 사업에 응모할 의향이 있는지를 사전에 묻는 건가? 그렇다면 공모를 해서 과학탑재체를 모집하면 될 일이지 공모에 응할 의향을 따로 묻는 이유가 무엇이며, 이게 뭐 하는 짓인가 싶었다. 공모를 하면 과학 임무를 선정하고 탑재체를 정하면 될 텐데, 공모에 참여할 의사를 묻는 것은 일을 두 번 하는 것이다. 왜 일을 복잡하게 하는 걸까?

얼마 뒤 그 이유를 알았다. 예비타당성조사팀은 국내 과학 연구자들의 현황을 조사하려 한 것이다. 그래야 기획보고서에 내용을 작성할 수 있을 테니 말이다. 조사팀은 기획보고서의 구색을 맞추기 위해 넣을 자료가 필요했다. 실제 과학탑재체 선정은 탐사선 개발이 확정되고 나면 다시 공모를 통해 할 생각이었다. 굉장히 이상한 일이다. 아니, 황당한 일이었다. 예비타당성조사 기획보고서에는 달 탐사의 필요성과 목적, 실현 가능성, 경제성, 시기 적절성, 탐사선의 초기 설계, 달에 가는 궤도와 달에서의 궤도 등이 들어간다. 보고서의 목차 가운데 달 탐사의 필요성과 목적은 기술개발과 과학 연구의 핵심이다. 필요성에는 기술개발의 시급성과 과학 연구의 중요성이 들어가고, 탐사선의 목적은 과학 연구가 주요 내용을 이룬다. 이 부분을 조사하는 데 많은 시간과 노력이 필요하다.

우선 국내 연구진의 인적 인프라를 조사한 뒤 그 연구 인력들의 연구 방향이 우리나라 달 탐사의 방향과 맞는지도 조사해야 한다. 무엇보다 오래 걸리는 일은 국내 연구진의 모든 의견을 반영한 연구 목표를 설정하는 것이다. 많은 사람의 의견을 반영해 목표를 설정하는 일은 상당한 노력과 시간이 든다. 당연히 개개의 연구자들은 자신의 연구 목표를 한국의 달 탐사의 연구 목표에 투영하려 한다. 그리고 과학 연구에 우열이란 있을 수 없기에 평가를 통해 순위를 선정하는 것도 상당히 까다로운 일이다.

과학탑재체를 나중에 선정한다는 말은 달에 가기는 가는데, 왜 가는지는 모르겠다는 말과 같다. 탐사선의 목적은 달에 가서 가치 있는 무언가를 조사하는 것이다. 그런데 탐사선이 무슨 탐사를 할지 정하지 않고 먼저 가겠다는 것이다. 얼핏 보면 탐사선이 달에 가기로 한 다음 과학탑재체는 나중에 정해도 되지 않느냐고 생각할 수 있다. 그렇지 않다. 달 탐사선의 과학 임무가 무엇인가는 기획보고서에서 주요 내용으로 다루는 탐사선의 설계나 달로 가는 궤도와 달에서의 궤도 등을 결정할 때 꼭 고려해야 하는 요소다. 그런데 달 탐사선 다누리는 어떤 목적을 이루기 위해 설계된 것이 아니라, 우리나라 기술로 만들 수 있는 위성을 먼저 만들고 거기에 남는 제한된 공간과 자원을 활용하여 뭐든 하라는 것이다. 바람직한 방법은 아니다. 다누리의 예비타당성조사는 국정 과제로 선정돼 신속하게 처리해야 했다. 일단 달에 가기 위한 최소한의 기술적 타당성만 고려할 수밖에 없었다.

우리의 달 탐사는 갑작스럽게 시작되었지만, 그 준비가 전무했던 것은 아니다. 2007년 정부가 달 탐사 계획을 발표하고 2020년 달 탐사선을 발사하기 위해 기초 사업들을 시작했다. 그래서 2009~2010년에 우주탐사를 테마로 대학과 출연연에서 연구 사업을 시작했다. 특히 대학에서 본격적으로 달 관련 교육 과정을 개설하면서 이 분야의 연구 인력 인프라가 구축되기 시작했다. 2020년을 대비해 2010년에 인적 인프라 구축이 시작되었으니 빠르게 준비한 것은 아닐지라도 최소한의 준비는 갖춘 상태였다. 보통 박사학위 과정을 마치는 데 6년 정도 걸리지만, 국내에 관련 내용을 교육할 교수들도 없었기 때문에 그보다 조금 늦은 시점에서 박사급 연구자들이 나올 것이라 예상할 수 있다. 2020년에 달 탐사선을 발사하겠다는 계획은 이런 인프라 구축을 염두에 두고 계획된 것이다. 그래서인지 달 탐사선 다누리에 실릴 과학탑재체 모집 공고는 예상보다 높은 관심을 받았다.

2015년 3월, 다누리 탑재체 사전공모의향서 모집 사업에 16개 연구팀이 20기의 과학탑재체를 제안했다. 나는 국내에 달 과학 연구자가 열 명이 채 안 되니 연구자들이 제안한 과학탑재체는 많아야 다섯 기 정도라고 예상했다. 그런데 뚜껑을 열어보니 20기나 제안했다는 사실에 굉장히 놀랐다. 더 놀라운 사실은 20기의 탑재체보다 16개 연구팀이 공모했다는 점이었다. 연구팀은 아무리 적은 수로 구성하더라도 연구 책임자, 과학자, 탑재체 엔지니어(기계, 우주환경, 전자, 광학 등)가 포함되어야 하므로 최소 여섯 명은 되어야 역할을 할 수 있다. 최소 96명이 달 탐사에 참여했다는 뜻이다(중복으로 참여할 수도 있다).

국내에 이렇게 많은 달 과학자가 있었다고? 공학자의 경우 달 과학 탑재체와 지구궤도 우주탑재체가 크게 다르지 않다. 상대적으로 많은 인적 인프라 덕분에 문제가 없다. 그렇지만 과학자는 다르다. 과학은 같은 태양계 행성을 연구하는 사람이라도 옆의 행성을 연구하는 연구자로 탈바꿈하는 데 시간이 필요하다. 어려운 일은 아니다. 행성과학 분야도 기본적인 분석 방법이 유사하므로 달을 연구하다가 소행성 연구를 하거나 수성 같은 행성 연구로 주제를 바꿀 수 있다. 어렵지 않다고 해도 이렇게 연구 대상을 바꾸려면 배경지식을 쌓아야 해서 상당한 시간이 걸린다. 행성마다 축적된 과학 자료의 정도가 달라서 연구 수준과 연구 발전 역사가 다르다.

그때만 해도 국내 학회에서 달 과학은 하나의 세션을 구성하는 것조차 힘들 정도였다. 하나의 세션에 열 개가량 발표가 진행되는데, 국내 달 과학자가 열 명이 안 되니 모든 연구자가 발표해도 열 개가 되지 않았다. 한국천문학회가 열리면 서로 상관이 없는 연구들과 하나의 세션으로 묶어서 행성과학과 다른 소그룹 분야들과 함께 세션을 구성하는 일이 많았다. 행성과학만을 주제로 정한다고 해도 달 과학자만 모은 세션이 아니다. 목성, 토성, 타이탄, 소행성 등 태양계 내 천체들을 연구하는 연구자를 다 모아도 간신히 하나의 세션을 구성할까 말까였다. 모두 태양계라는 범주에 들어가므로 서로 관련이 많아 보이나 사실 각각의 연구자들은 서로의 연구 분야에 관해 거의 모른다. 마치 인도와 한국은 같은 아시아 국가이니 서로 많은 문화를 공유한다고 생각하는 것과 같다. 따라서 같은 세션에서 발표를 하더라도 서로의 연구 결과에 관해 이해하기가 상당히 어렵다. 관심도가 매우 낮아서 다른 사람의 연구 결과 발표를 주의 깊게 듣지도 않는다.

　　국내 달 과학계 상황이 이런데 16개의 연구팀이 과학탑재체 제안서를 제출했다니 정말 놀라웠다. 제안된 과학탑재체는 고해상도카메라 세 기, 광시야카메라 세 기, 분광영상카메라 세 기, 전파탑재체 네 기, 레이저고도계, 큐브위성, 달 환경 연구 탑재체, 과학 실험 장비가 각각 두 기씩이었다. 각기 다른 연구팀이 각각 세 기씩 제안한 고해상도카메라와 광시야카메라, 분광영상카메라는 3종 세트나 다름없다. 전통적인 천문학에서 주로 사용되는 영상카메라다. 다누리 개발 추진은 천문연과 한국항공우주연구원(이하 항우연)

등 천문 관련 연구원들이 주도했기 때문에 전통적인 천문학 장비들이 제안되었다. 또 해외 달 탐사선에서 주로 쓰인 레이저고도계, 전파망원경 등이 제안된 것을 보면 국내 천문학 연구자들의 다양한 관심이 엿보였다.

사전공모의향서 모집 공고의 현황을 확인하고 난 뒤 우리 팀은 사실상 비상사태였다. 우리 팀은 처음부터 달 과학으로 시작한 연구자인 나와 달 과학으로 전향한 지도교수님도 있었기에 과학 연구 성과로는 국내에서 꽤나 앞선 팀이었다. 따라서 달 탑재체 선정에 큰 어려움은 없을 것이라 여기고 있었다. 그런데 생각보다 경쟁이 치열했다.

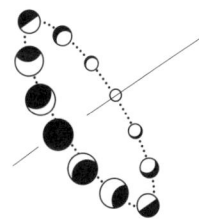

엔지니어가 없는 과학탑재체 연구팀

한국의 달 탐사는 숨 가쁘게 진행되고 있었다. 예상보다 높은 관심에 우리는 과학탑재체 선정에서 경쟁력을 높이기 위한 방안을 찾고 있었다. 최영준 박사님의 천문연과 지도교수님과 내가 있는 경희대학교가 연합하여 제안한 과학탑재체는 광시야 편광카메라다. 영상카메라 탑재체에 지원한 연구팀이 아홉 개나 되었던 과학탑재체 부문은 가장 경쟁률이 높았다. 같은 종류의 과학탑재체가 중복으로 선정될 가능성은 없기 때문에 우리는 가장 치열한 부문에 도전하고 있었다. 폴캠은 경쟁력 있는 과학탑재체였다. 우선 과학 연구의 목표가 확실했다. 우리는 이미 그 연구 분야에서 서서히 알려지고 있었기에 과학 성과 부분에서는 다른 팀들보다 앞서 있는 것이 확실했다. 무엇보다 '편광'카메라는 세계 최초로 시도되는 관측기기라는 점에서 독창성 부분에서 높은 점수를 기대하고 있었다. 게다가 기술적으로 아주 높다고 여기지 않는 과학탑재체. 즉 폴캠은 기술적으로 어렵지도 않은데 높은 과학 성과가 예상되는 독창적인 과학탑재체인 것이다. '세계 최초'라는 타이틀까지 넣을 수 있으니 이목을 끌기에도 좋았다.

하지만 우리에게는 한 가지 큰 약점이 있었다. 과학자들로만 이루어진 연구팀이라는 것이다. 물론 천문연은 지구궤도의 우주탐사 기기를 만들어본 경험이 많은 연구소지만, 우리 팀에는 아직 실제 기계를 만들어본 공학자가 없었다. 한 번 우주로 쏘아 올린 과학탑재체는 다시 고칠 방법이 없으므로 우주탐사 탑재체는 수많은 검증을 거친다. 고장 나지 않고 안정적으로 임무를 수행하는 것이 무엇보다 중요하다. 그래서 과학탑재체 개발 사업을 시작할 때 개발을 제안한 연구팀이 실제 개발할 역량이 있는지 꼼꼼하게 검증한다. 우주탐사 탑재체를 개발해본 경험이 없는 연구팀이 처음 시도하기에는 기술적 어려움과 비용이 커서 경험이 없는 연구팀은 선정될 가능성이 낮을 수밖에 없다. 우리가 심사위원들의 평가 기준에는 못 미칠 게 확실했다. 우리는 이런 약점을 극복하기 위해 최영준 박사님을 연구 책임자로 두고 천문연에 있는 경험 많은 공학자들을 우리 팀으로 끌어들일 계획을 세웠다. 하지만 천문연 내부에서도 우주탐사기기를 만들어본 경험이 있는 공학자가 귀했다. 천문연의 공학자들이 한국에서 가장 많은 우주탐사 기회가 있었겠지만, 우리나라는 우주탐사 불모지였다.

우리는 뼛속까지 과학자여서 카메라를 만드는 것은 그리 어렵지 않다고 생각했던 것도 사실이다. 카메라는 일상에서 너무나 쉽게 만날 수 있는 기기다. 지금 당장 내 책상만 보더라도 다섯 개의 카메라가 있다. 두 대의 노트북, 화상회의용 외부 카메라, 스마트폰, 태블릿 PC까지 모두 카메라가 있다. 집 밖으로 나가도 마찬가지다. 엘리베이터 내부와 아파트 현관 앞에도 예외 없이 카메라가 달려 있다. 그뿐인가. 거의 모든 교차로마다 CCTV가 있고, 거의 모든 자동차가 블랙박스 카메라를 가지고 있다. 최근에는 자율주행용 카메라가 자동차마다 적게는 다섯 개에서 많게는 십수 개까지 있으니 우리는 온통 카메라로 둘러싸인 세계에 살고 있다. 그만큼 이 분야의 기술은 매우 성숙되어 있으며, 수많은 종류의 카메라가 개발되어 있었다. 순진하게도 나는 이렇게 많은 카메라 가운데 우리 입맛에 꼭 맞는 카메라를 쉽게 구할 수 있을 줄 알았다. 알맞은 카메라 렌즈와 카메라 기기를 구매해 둘을 적당히 조합하면 우리 팀이 원하는 카메라가 만들어질 거라고 생각했다.

아마 내가 천문학자이기 때문에 이렇게 생각한 것일 수 있다. 내가 원하는 사양의 망원경과 카메라 조합은 전 세계 천문대 어딘가에는 꼭 있기 때문이다. 폴캠의 모티브가 된 나의 연구 결과도 학교 천문대 창고를 뒤져서 나온 망원경과 학교가 보유한 CCD 카메라 가운데 하나를 골라 간단히 조합한 뒤 편광기만 만들어 붙여서 얻었다. 우리 팀이 구상한 편광카메라를 만드는 일 자체를 심각한 문제로 생각하거나 구체적으로 구상한 상태는 아니었다. 우리 팀에서 유일하게 우주탐사기기 개발 과제의 연구 책임자를 경험해본 최영준 박사님에 대한 막연한 기대도 있었다. 결론적으로 우리의 생각은 심각한 오판이었다.

과학탑재체 사전공모의향서 모집이 끝나고, 본격적으로 달 탐사 탑재체 모집 공고가 났다. 달 탐사 과학탑재체 사전공모의향서의 모집 공고가 난 후부터 학계는 온통 달 탐사 이야기로 들썩였다. 학회에서도 자신들이 지원한 과학탑재체의 장점을 설명하기에 바빴다. 우리는 과학탑재체 공고가 나기 수년 전부터 달 탐사 탑재체로서 편광카메라의 목표와 장점에 대해 홍보해왔다. 이 활동은 과학탑재체 선정 절차 과정에서 매우 중요한 일이었다. 우리나라에서 달 과학과 조금이라도 연관 있는 연구자는 모두 과학탑재체 모집에 지원할 가능성이 아주 컸다. 다시 말해 과학탑재체 선정 절차의 심사위원들은 달 과학 분야의 비전문가일 가능성이 높다는 이야기다. 실제로 다누리 과학탑재체 모집 공고에 16개 팀이 지원했으니 달 과학자뿐만 아니라 달 과학과 유사성을 가진 거의 모든 연구자가 지원했다고 봐야 한다. 결국 과학탑재체 선정 평가를 수행할 전문가들은 달 과학과 연관성이 거의 없는 사람이며, 우주탐사 경험을 가진 공학자들일 가능성이 높았다. 공학자 입장에서 20기의 과학탑재체 제안서에 쓰인 과학 임무의 중요성이나 과학 임무의 차별성과 독창성을 평가하기 어려울 수 있다. 과학자가 아니므로 어떤 과학탑재체가 더 의미 있는지 분별하는 것은 어렵고 부담되기 때문이다. 필연적으로 심사는 기술적 평가에 집중될 터였다.

우리 팀은 폴캠이 과학적으로 얼마나 큰 가치를 지니고 있는지를 미리 학회에서 홍보하기로 했다. 과학적으로 뛰어난 우리 팀의 장점을 잠재적 심사위원들이 알아볼 수 있도록 해야 했다. 우리 팀의 과학 연구에 관해 이전부터 지속적으로 알려온 덕분에 많은 사람에게 우리 팀은 곧 편광카메라라는 인식이 있었다. 다만 우리 팀의 약점도 뚜렷했다. 엔지니어의 부재. 어떻게든 우리는 우주탐사 탑재체 개발 분야에서 안정감을 줄 수 있는 엔지니어를 팀에 합류시켜야 했다.

이때 합류한 엔지니어가 KAIST 인공위성연구소의 강경인 박사님이다. 강경인 박사님은 우리별 3호, 과학기술위성 1호, 2호, 3호 등의 개발에 참여했다. 특히 카메라 분야에 다양한 경험을 가진

분이다. 강경인 박사님은 우리 팀에서 시스템 엔지니어 역할을 맡기로 했다. 시스템 엔지니어는 개발하는 기기의 최종 공학 책임자로서 아주 중요하다. 핵심 엔지니어가 없는 우리 팀에 인공위성 개발 경험이 있는 엔지니어가 들어오자 팀의 안정감이 높아졌다.

연구 제안서를 작성할 때부터 시스템 엔지니어의 활약은 대단했다. 당장 연구 제안서를 작성할 때 기기 개발 계획에 관한 내용이 구체적으로 바뀌었다. 강경인 박사님이 과거 개발했던 카메라들을 나열하니 유사한 종류의 카메라를 개발해본 충분한 경험을 가진 팀이 되었고, 구상만 했던 카메라의 사양을 상당히 구체적인 수준까지 넣을 수 있었다. 기기 개발을 목표로 하는 연구 제안서에는 기기의 콘셉트 디자인이 포함되어야 하고, 콘셉트 디자인이 구체적일수록 준비가 잘된 팀으로 보인다.

이제 심사위원들이 보기에 우주탐사기기 개발에서 노련하고 풍부한 경험을 가진 팀으로 보일 것이다.

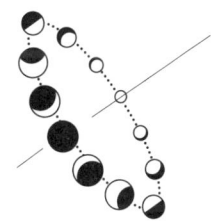

과학탑재체 공모에 선정되다

2016년 1월 11일, 한국의 첫 달 탐사선에 실릴 과학탑재체 공개 모집이 시작되었다. 1월 11일부터 2월 22일까지 진행된 공모는 상대적으로 시간이 아주 짧았다. 보통 해외의 공모 기간은 과학탑재체 제안자들에게 팀을 꾸리고 프로젝트 구성을 할 시간을 충분히 주기 위해 적게는 2개월, 많게는 6개월 이상이다. 하지만 한국의 달 탐사선은 3년 안에 발사할 계획이었으니 모든 일정이 촉박했고, 과학탑재체 공모에도 긴 시간을 할애할 수 없었을 것이다. 이해할 수 없는 결정은 아니었지만, 환영할 만한 결정도 아니었다. 달 과학에 관한 이해도 부족한 상황에서 탐사의 목표인 과학 임무를 숙고할 시간이 부족했다.

탐사선 개발에는 7년 정도 걸리지만, 탑재체의 과학 자료는 30년 넘게 쓰인다. 1994년 발사된 미국의 클레멘타인Clementine 달 탐사선의 과학 자료는 30년이 지난 지금도 활용되고 있다. 1998년 발사된 루나 프로스펙터Lunar Prospector도 그 과학 자료를 사용한 연구논문이 여전히 빈번하게 출판되고 있다. 과학 자료가 지속적으로 잘 활용되어 인류의 과학 연구에 기여하려면 상당한 고민을 거쳐 연구 목표를 설정하고, 그에 맞는 탐사기기를 결정해야 한다.

그렇지 않으면 기존 탐사선이 생성한 과학 자료와 중복되어 활용도가 떨어지거나, 탐사 자료는 잘 만들어져도 과학 연구의 목표가 분명하지 않아 쓸모없는 자료만 생산하는 경우가 생긴다. 탐사기기의 완성도를 높이기 위해서는 실제 기기를 제작하는 기간은 물론이고 어떤 목표를 가지고 기기를 만들지 고민하는 시간을 충분히 꼭 가져야 한다. 다누리 탐사선은 이런 기간이 조금 부족했다. 잘못하면 예쁜 사진만 잔뜩 찍고 실제 과학 성과는 없는 반쪽짜리 탐사선이 될 수도 있다.

공모 기간이 짧은 탓인지 사전공모의향서 모집 때는 20기의 과학탑재체가 제안되었지만, 실제 과학탑재체 공모에는 아홉 기의 과학탑재체만 제안되었다. 우리 팀이 제안한 폴캠 외에도 적외선분광기, 감마선분광기, 중성미자검출기, 라디오미터, 우주방사능측정기, 달 자기장측정기, 레이저고도계, 우주방사선분석기가 경쟁했고, 이 가운데 폴캠, 달 자기장측정기, 감마선분광기, 우주 인터넷 탑재체가 최종 선정되었다. 여기서 우주 인터넷 탑재체는 과학 연구가 아닌 우주기술 개발을 위해 탑재되는 기술 시험 탑재체이자 탐사기기로 진작 탑재가 결정되어 있었다. 결과적으로 과학탑재체는 폴캠, 달 자기장측정기, 감마선분광기가 선정되었다.

오랫동안 치열하게 준비했는데도 막상 선정 소식을 들었을 때에는 별 감흥이 없었다. 최영준 박사님이 내가 있는 연구실의 문을 열며 "됐단다"라며 소식을 전해주었다. 아주 짧은 눈맞춤을 하곤

씨익 웃으며 나가셨다. 최영준 박사님이 나가고 잠시 가만히 서 있다 아내에게 전화를 걸었다.

"됐어."

나도 최영준 박사님처럼 아무런 설명 없이 아내에게 말했다.

"기건이 기저귀 갈아줘야 해. 이따 전화할게."

전화기의 종료음이 들렸다. 난 아직도 아내가 이렇게 말한 그 순간이 똑똑히 기억난다. 아내는 아내의 일을 하고 있었다. 선정 소식은 모든 팀원에게 전달되었다.

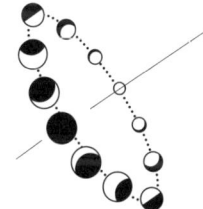

다누리의 탑재체들

우리 팀이 제안한 폴캠은 세계 최초로 시도되는 달 궤도 편광카메라다. 편광 자료는 달 표면의 입자 크기, 거칠기, 공극률(암석이나 토양 안에 존재하는 빈 공간의 비율) 등의 정보를 알려줄 수 있는 유용한 자료이며, 처음 제안했을 때 많은 해외 연구자의 환영과 관심을 받았다. 편광카메라를 이용하면 달 표면의 진화와 우주 환경에 관한 연구를 수행할 수 있고, 처음 시도되는

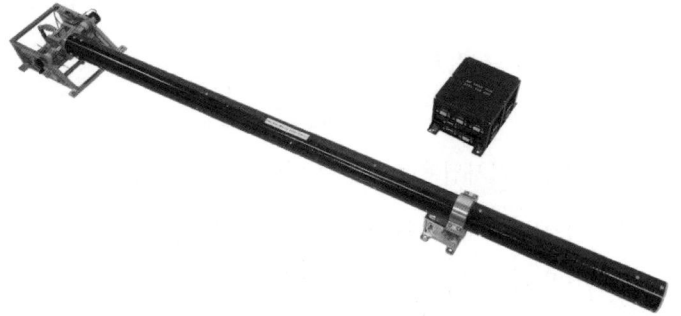

◎ 경희대학교가 개발한 자기장측정기

달에는 지구와 같이 전 지구적인 강력한 자기장은 존재하지 않지만, 과거에는 존재했으며 여전히 달에 남아 있다고 추정한다. 달 표면에서 자성을 띠는 지역들이 관측되며, 이런 지역은 주변의 다른 지역과 그 특성이 달라 많은 관심을 받는다.

출처: 경희대학교

관측기기라서 큰 과학적 성과가 기대되는 과학탑재체다.

달 자기장측정기KMAG(케이메그)는 경희대학교에서 제안한 과학탑재체로 달 표면에 있는 미세한 자기장을 측정하는 기기다. 달 자기장은 지구처럼 강하고 전체를 감싸는 거대한 자기장이 아니라, 일부 지역에만 조금씩 나타나는 현상이며 아직 왜, 어떻게 존재하는지 그 이유를 정확히 모른다. 자기장이 있으면 태양에서 오는 태양풍의 일부를 막거나 약화시킬 수 있어 잘 연구하면 달 표면에 유인 기지를 건설할 때 활용할 수 있다고 알려져 있다. 자기장측정기는 아폴로 탐사선부터 시작해 일본의 셀레네SELENE 탐사선도 탑

◎ 한국지질자원연구원이 개발한 감마선분광기

감마선분광기는 고에너지입자가 달 표면과 상호작용하여 발생하는 감마선을
다양한 파장에서 관측한다. 관측 결과를 분석하면 다양한 원소를 파악할 수 있어
주로 자원을 탐색하기 위한 과학탑재체로 쓰인다.

출처: 한국지질자원연구원

재했었고, 기술적으로 안정적인 과학탑재체다.

감마선분광기KGRS는 한국지질사원연구원에서 제안한 과학탑재체로 우주에서 날아오는 고에너지입자가 달 표면에 닿아 반응하며 발생하는 감마선을 측정한다. 달 표면에서 발생하는 감마선이 표면 물질에 따라 에너지 대역이 달라지는 점을 이용해 관측 지역에 있는 원소들을 조사할 수 있다. 그래서 감마선분광기는 주로 자원 탐사에 활용한다.

자기장측정기와 감마선분광기는 해외의 탐사선이 자주 활용하고 있어 완전히 새로운 연구를 수행하는 혁신적인 과학탑재체라고 할 수는 없다. 그러나 과거의 연구들과 연속성을 가지는 가치 있는 연구를 수행할 수 있으며, 기기 개발에 필요한 기술들이 상당히 성숙해 있어 안정적으로 개발할 수 있다. 앞으로 안정적인 개발과 연구 성과가 기대되는 과학탑재체다.

반면 폴캠은 아직까지 시도되지 않은 종류의 과학탑재체였으므로 선정 심사위원들은 위험도가 크지만 그에 따른 성과도 클 것이라고 판단했다. 우리 팀이 자체적으로 판단하기에는 위험은 적고 성과는 큰 탑재체였지만, 지금 생각해보면 위험도는 중간 이상이라고 봐야 한다. 처음으로 시도되는 것은 항상 경험해보지 못한 종류의 위험이 숨어 있다. 실제로 개발 과정에서 우리가 인식하지 못했던 문제점이 많이 나타났다. 심지어 달 궤도에 올라간 다음에 발견한 개선 사항도 있었다.

아무튼 우리는 달에 가게 되었다. 천문학자를 꿈꾸던 중학생이, 은하의 역학을 공부하고자 했던 대학생이 달 궤도를 도는 우주탐사선의 카메라를 개발하게 되었다. 더욱이 카메라의 과학 목표가 내 연구 주제로부터 발전한 내용이기에 어딘지 모를 가슴 한편이 묵직해지는 느낌이었다.

미국 같은 선진국에서는 상상하기 어려운 일이다. 미국은 달 및 행성과학 분야 연구자가 수천 명에 달한다. 매년 미국 휴스턴에서 열리는 달 및 행성과학 학회Lunar and Planetary Science Conference에 참석하는 연구자만 2,000명이 넘는다. 참석하지 않는 연구자 수를 포함하면 적어도 두 배는 될 것이다. 제한된 달 탐사선 수에 비해 엄청나게 많다. 이렇다 보니 우주탐사 프로젝트에 참여할 기회는 우리보다 훨씬 더 많지만, 자신이 주도한 연구개발 프로젝트의 탐사기기가 실제로 우주탐사선에 탑재될 가능성은 상당히 낮다. 나는 달 탐사선 하나 없는 나라의 달 과학자였기 때문에 달 탐사선이 하나인 나라의 과학자가 되자 큰 기회가 생겼다.

PART 2

우주탐사
과학탑재체
폴캠

5장

폴캠 개발에 돌입하다

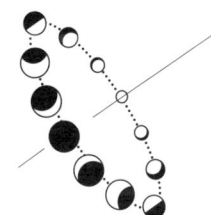

천문연에서의 새로운 시작

이즈음 천문연으로 자리를 옮겼다. 본격적으로 폴캠 개발에 매진하기 위해서다. 대학원생이자 결혼해 세 아이의 아빠가 된 참이었다. 세상이 얼마나 만만했으면 대학원생이 결혼도 하고 아이도 셋이나 낳았을까 싶지만, 나름대로 출사표를 던진 것이다. 나는 타고난 게으름뱅이라 스스로를 어떤 상황에 몰아넣지 않으면 아무것도 이루지 못한다고 생각했다. 물론 나를 몰아넣기 위해 아이들을 낳은 것은 아니다. 오히려 주어진 상황에서 강력한 동기부여를 하려고 그 상황을 이용한 것에 가깝다. 나는 외동으로 자라서 내 아이들은 서로 보살펴줄 수 있는 형제가 많으면 좋겠다고 막연하게 생각해왔다. 아내와 연애 시절에도 아들 둘에 딸 하나만 낳아 살자고 입버릇처럼 말하기도 했다. 이렇게 불안정한 시기에 일찍 낳을 계획은 아니었지만. 역시 인생은 계획대로 되지 않는다.

동기부여의 효과는 좋았다. 실제로 나만의 가족이 생기고 고향과 부모 곁을 떠나 대전으로 이사를 오고 나니 자립해야 한다는 생각이 더 강해지는 한편, 하루 빨리 졸업해 취직해야겠다는 목표가 생겼다. 대학원생 월급 150만 원으로는 도저히 아내 그리고 세 아이와 함께 생활할 수 없었고, 그나마 가지고 있던 돈을 까먹으며 버텼다. 그 돈이 사라지는 순간이 언제일지는 아주 단순한 계산만으로 유추할 수 있었다. 그날은 조용히 다가오고 있었다. 그 전에 졸업해 박사후연구원으로 '진화'하려고 애썼다. 포켓몬이 몇 가지 조건을 만족해야 진화하듯이 박사학위를 받으려면 필요 조건들이 있다. 가장 중요한 조건은 국제 학술지에 게재된 연구논문이다. 학교마다 논문의 기준 편 수는 조금씩 다르지만, 내가 다닌 학교는 두 편이었다. 한 편은 이미 게재가 완료되었고 한 편만 더 쓰면 됐다. '과학 연구논문 빨리 쓰는 법' 같은 비법서가 있다면 분명히 사서 봤을 테지만, 연구논문을 빨리 쓰는 법 따위는 없다. 그저 시간을 갈아 넣을 뿐이다. 문제는 얼마만큼의 시간을 갈아 넣어야 연구논문이 나올지 알 수 없다는 것이다. 많은 선배가 그랬듯 무작정 오래 할 수밖에 없다. 자연스레 연구실에 늦게까지 남아 있는 날이 늘었다.

 무작정 열심히 하면 될 것이라고 생각하던 나에게 세상이 그렇게 쉽지만은 않다고 말하듯 예상치 못한 문제가 터졌다. 아무 문제 없다고 생각했던 가정에서 시작된 문제였다. 내가 연구실에 남아 연구에 몰두하는 동안 아내가 감당해야 하는 육아의 무게가 더 이상 혼자 감당할 수 없을 만큼 커지다가 터져버린 것이다. 첫째가 네 살, 둘째와 셋째는 돌도 안 된 쌍둥이 신생아라 한창 엄청난 육체노동이 필요한 시기였다. 아내는 별말 하지 않고 버티고 있었으나 이런 일이 지속 가능할 리 없다. 대전으로 이사 오기 전에는 양가 부모님이 가까운 곳에 살았기 때문에 도움이 필요할 때 언제든지 요청할 수 있었다. 실제 도움받은 일은 많지 않았지만, 그래도 도움이 필요할 때 언제든 요청할 사람이 있다는 건 심적으로 꽤 큰 버팀목이었다. 아무 연고도 없는 대전으로 이사를 온 아내는 부모도 친구도 없는 외톨이였다. 도움받을 곳이 하나도 없었다. 상황이 이런데 내가 늦게 퇴근하기 시작하자 홀로 감당해야 하는 육아 시간이 늘어나면서 아내는 점차 피폐해져갔다.

나는 목표를 정하면 목표만 향해 달려가는 경주마 같아서 주변을 놓치는 경우가 많다. 그래서 아내의 고통과 변화를 알아차리지 못했다. 어쩌면 알면서 외면했던 것일 수도 있다. '알아서 잘하겠지, 내 코가 석 자야, 지금은 달려야 할 때야'를 계속 되뇌었다. 어느 날 갑자기 울음을 터트리는 아내의 모습은 그동안 우리 가정을, 나를 떠받치던 근간이 무너지는 사건이었다. 아내는 그동안 완전히 고립된 상태에서 세 아이의 육아를 홀로 감당하다 못 버티고 무너졌다. 육체적으로도 정신적으로도 크게 지친 상태였다. 태어나서 처음으로 타지에서 생활하는 것도 힘든데, 여기에 세 아이의 육아까지 하느라 아침부터 밤낮없이 홀로 견뎌야 했으니 얼마나 힘들었을지 상상조차 어렵다. 그럼에도 항상 늦게 퇴근하는 나를 반갑게 맞이해주고 웃는 낯으로 대했다. 내가 얼마나 무심했던 걸까? 미안함과 고마움에 얼굴이 붉어졌다.

그날 이후 나는 칼퇴근하기로 했다. 무슨 일이 있어도 일찍 귀가해 조금이라도 아내를 도울 수 있도록 모든 시간표를 조정했다. 기기 개발 회의는 가능하면 오전에 했고, 열 시간 이상 지속해야 하는 실험은 새벽에 시작했다. 그러자 또 다른 문제가 생겼다. 칼퇴근에 모든 일정을 맞춘 다음부터 필연적으로 연구 진행이 늦어지고 있었다.

나는 밤늦게까지 일하는 걸 좋아했다. 아무도 없는 큰 연구실에 작은 스탠드만 켜두고 달달한 믹스커피를 홀짝이면서 일하다 보면 보람을 느꼈다. 연구실에서 일하다 가끔씩 밖으로 나가 찬바람을 쐬거나 밤하늘을 올려다보고 있으면 왠지 우주와 더 가까워지는 느낌이 들었다. 나는 접이식 침대와 연구실 소파가 편한 전형적인 올빼미 대학원생이었다. 그런데 밤에 하던 일을 낮에 하기 시작하자 어색한 생활 패턴에 갈피를 못 잡았다. 낮에는 머리가 둔해지는 것 같기도 했다. 아무래도 깜깜한 밤이 더 익숙했다.

많은 사람이 대학원생이라고 하면 으레 밤늦도록 불 켜진 연구실에서 퀭한 눈을 한 채 공부하는 너드nerd를 상상한다. 실제 우리나라 대학원생의 평균적인 모습을 표현하면 이와 비슷할 것이다. 해외는 다르다. MIT 대학원생들의 에피소드를 다룬 유명 미국 시트콤 〈빅뱅이론〉을 보면 미국의 대학원생들은 너드일지언정 늦은 밤 실험실 소파에 누워 있는 모습을 볼 수 없다. 저녁이 되면 집으로 돌아와 게임을 하거나 자기만의 일상을 보낸다. 왜 우리나라 대학원생들은 밤까지 연구실에 있으며, 왜 나는 밤에 일하는 게 편안할까?

곰곰이 생각해보면 나는 학창 시절부터 중요한 일들은 밤에 하곤 했다. 학생에게 중요한 일은 당연히 공부다. 낮에는 학교에서 짜인 일정대로 수동적으로 지내다가 끝나면 집에 와 저녁을 먹고 나서야 본격적으로 내 공부를 시작했다.

진짜 공부는 스스로 하는 공부다. 일타강사라 할지라도 수업이라는 형식을 따르는 한 그 효율은 매우 낮다. 누군가 알려주는 지식에는 기승전결의 과정은 없고 결과만 있으니 오래 기억되지 않는다. 반면 스스로 하는 공부는 문제의식부터 문제를 해결하는 과정까지 온전히 내가 경험하기 때문에 효율이 좋다. 그때부터 나는 혼자 공부하는 밤 시간에 지식을 습득하고 넓혀왔다. 자연스럽게 밤에 일하고 공부하는 것이 효율적이라고 나도 모르게 인식해온 것이 아닐까? 나는 스스로 '올빼미'라고 정의했지만, 사실은 새벽 옹달샘을 찾는 '사슴'일지 모른다.

어떻게 해야 아내의 짐을 덜고 더 효율적으로 일할 수 있을지 고민하던 나는 차라리 새벽 시간에 일해보기로 했다. 밤 아홉 시 반경 아이들과 같이 잠들었다가 새벽 세 시 반에 일어나 자료를 분석하고, 보고서를 쓰고, 책도 읽었다. 밤에 하던 일을 새벽으로 옮기기만 했는데 의외로 쉽게 적응했다. 새벽 한두 시까지 하던 일을 자고 일어나 세 시쯤 하니 시간 차도 별로 안 났다. 오히려 좋은 점이 더 많았다. 밤 시간에 일을 하다 보면 누군가는 실연을 당하고, 누군가는 진로가 고민되고, 누군가는 그냥 맥주가 마시고 싶어서 술자리를 벌이는 경우가 생긴다. 주변의 상황들로 인해 어쩔 수 없이 일을 못 한다는 핑곗거리를 만들게 된다. 그런데 완전한 새벽 시간에 연락하는 사람은 아무도 없으니 오롯이 혼자만의 시간을 가질 수 있다. 밤늦게 집에 들어가며 느끼는 알 수 없는 뿌듯함과 충족감은 없지만, 누구보다 빨리 세상에 나온다는 묘한 자긍심이 있었다. 우주와 가까워지는 느낌은 없지만, 떠오르는 태양의 강렬한 에너지를 주입받는 것 같았다. 그렇게 나는 나를 사슴으로 재정의했다. 물론 얼굴은 겨울잠을 자기 직전의 곰이지만 말이다.

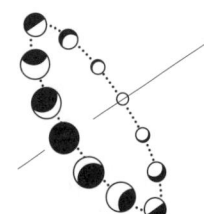

복잡한 우주탐사 시스템 개발

우주탐사선은 최신 기술이 모두 적용된 최첨단의 집약체 같지만, 사실은 그렇지 않다. 오히려 오래된 기술의 집약체다. 우주탐사선은 대부분 개발된 지 최소 10년 넘은 부품만 사용해 제작된다. 폴캠에 사용된 CCD 센서는 텔레다인사의 E2V-

◎ 한국항공우주연구원이 개발한 고해상도카메라

달 표면을 2.5미터 해상도로 관측해 한국의 달 착륙선이 착륙할 곳을 탐색하고
넓은 면적을 한 번에 관측하기 위해 카메라 두 대가 달려 있다.

출처: 한국항공우주연구원

47-20 센서로 2006년에 개발됐으며, 1,024×1,024픽셀로 구성된 100만 화소 CCD다. 100만 화소급 디지털카메라는 1990년대 초 일반에서도 사용되기 시작했으니, 30년 전 널리 사용된 센서를 아직도 사용하는 셈이다. 최신 스마트폰에 탑재된 2억 화소의 카메라가 폴캠에 달린 센서보다 해상도가 200배나 더 높다. 만약 스마트폰의 카메라 센서를 폴캠에 사용하면, 관측 해상도가 41m/pixel에서 2.5m/pixel로 높아져서 다누리에 탑재된 고해상도카메라와 같아진다. 앞에 달린 광학 렌즈의 성능을 제외하고 단순 비교한 것이므로

실제와 다를 수 있지만, 엄청 큰 차이다. 또 다누리의 두뇌라고 할 수 있는 온보드 컴퓨터on-board computer도 계산 성능이 80메가헤르츠MHz로 최신 기종의 스마트폰에 사용되는 3.7기가헤르츠GHz 프로세서보다 46.25배나 느리다. 최신 기종의 개인용 컴퓨터도 아니고 겨우 스마트폰보다도 계산 성능이 떨어지는 컴퓨터가 우주탐사선의 두뇌라니 이상한 일이다.

오래된 기술을 사용하는 이유는 우주 환경이 굉장히 가혹하기 때문이다. 로켓을 발사할 때 생기는 진동은 정밀하게 설치된 측정기기들의 위치를 흐트러뜨리거나 카메라 렌즈를 깨뜨리기도 한다. 우주공간은 강력한 천체들이 내뿜는 고에너지입자의 충돌과 방사선, 매우 낮은 온도와 매우 높은 온도를 오가는 큰 온도차가 공존하는 극한의 환경이다. 고에너지입자는 전자 기판의 트랜지스터 같은 소자를 망가뜨리고, 센서의 픽셀을 태우거나 전기를 공급하는 배터리를 손상시키기도 한다. 탐사선의 온도는 탐사선과 태양의 상대적인 위치에 따라 큰 폭으로 변한다. 달 표면을 기준으로 예를 들면 밤에는 섭씨 영하 180도로 내려갔다가 낮에는 섭씨 130도까지 올라가 온도차가 310도에 이르고, 달의 남극과 북극에 있는 영구 음영 지역은 섭씨 영하 230도 아래까지 이른다고 추정한다. 이렇게 온도차가 크면 카메라 렌즈가 온도에 따라 수축하거나 팽창하면서 깨질 수 있으며, 기계적으로 작동하는 관절이나 회전 부위에 큰 손상을 일으킬 수도 있다. 이런 큰 온도 변화 때문에 수축과 팽창을 반복하면서 열적 스트레스를 받아 부품이 갈라지거나 부서지는 일도 생긴다.

가혹한 우주 환경에서 살아남으려면 우주에서 사용되는 부품들의 안정성이 무엇보다 중요하다. 그래서 우주탐사기기 혹은 탐사선은 정형화된 여러 검토 단계를 거쳐야 개발이 완료된다. 이 과정에서 잘못된 부분을 수정하고, 필요하지만 예상하지 못했던 기능 등을 추가하면서 기기의 완성도를 높인다. 많은 국가가 우주탐사선을 개발할 때 NASA가 정립한 《NASA 시스템 엔지니어링 핸드북NASA Systems Engineering Handbook》을 표준으로 삼는다. 다누리도 이 기준을 따른 개발 과정을 거쳤다.

NASA의 표준 우주탐사선 개발은 총 10단계의 검증 과정을 거친다. 이 검증 과정 동안 탐사선을 설계하는 팀에서 검토하는 것은 물론이고 탐사선 개발과 상관없는 외부 전문가를 심사위원으로 초빙해 검증 평가를 진행한다. 검증 과정을 객관화하여 팀 내부에서 알아차리지 못했거나 간과한 부분을 외부 전문가의 시선으로 평가하기 위해서다. 심사위원들은 아주 엄격하고 신중하게 평가에 임한다. 보통 이런 검증 과정이 계획되면 최소 두 달 전부터 평가 준비에 착수한다. NASA 검증 과정의 10단계는 다음과 같다.

1단계 임무 개념 검토 MCR, Mission Concept Review

탐사 임무가 논리적이고 물리적으로 타당한지 검토한다. 임무의 개념이 타당해야 예산이 투입될 수 있으므로 보통 임무가 실제로 시작되기 전에 임무 개념 검토 회의가 완료되며, 임무를 제안하는 단계에서 수행한다.

2단계 시스템 요구 사항 검토 SRR, System Requirements Review

시스템의 기능 및 성능 요구 사항을 평가하고, 임무를 만족시킬 수 있는지 확인한다. 이를 통해 요구 사항이 명확하게 정의되고, 프로젝트 진행에 필요한 결정을 내릴 수 있다. 이때 반드시 준수되어야 할 대부분의 최고 레벨 요구 조건이 결정된다. 예를 들면 무게가 있다. 우주탐사선에서 가장 많은 비용이 투입되는 부분도 무게와 관련 있다. 탐사선을 우주로 발사하는 로켓은 발사해야 하는 무게에 따라 비용이 달라진다. 결정된 무게를 초과하면 큰 추가 비용이 발생하거나 발사 자체를 못 할 수도 있다. 따라서 최고 레벨 요구 조건은 임무 초기에 결정되며, 하위 시스템 sub-system은 할당된 요구 조건을 충족하도록 설계·제작되어야 한다.

3단계 임무 정의 검토 MDR, Mission Definition Review

탐사선의 예비 설계를 시작하기 전에 수행하는 단계다. 제안된 시스템이 요구 사항을 충족하는지 평가하고, 모든 기능 요소에 요구 사항이 할당되었는지 확인하는 것이 목적이다. 따라서 탐사선(위성) 총괄 시스템이 아니라 탑재체들이 수행하는 검토 단계다. 과학탑재체의 목표를 달성할 수 있도록 탑재체의 임무가 정의되었는지 검토한다.

4단계 예비 설계 검토 PDR, Preliminary Design Review

시스템의 공학 모델 설계 Engineering Model Design가 모든 요구 사항을 충족하고, 세부 설계를 진행할 수 있는지 평가한다. 다시 말해 공학 모델 설계가 완료되었음을 확인하고, 프로젝트가 구현 단계로 진행할 준비되어 있는지 평가하는 단계다. 우주탐사선이나 탑재체는 개발 모델 DM, Developing Model, 공학 모델 EM, Engineering Model, 공학 인증 모델 EQM, Engineering Qualification Model, 비행 모델 FM, Flight Model 순으로 개발되는데, 비행 모델이 실제 우주로 발사되는 모델이다. 예비 설계 검토에서는 이 가운데 초기 설계로 제작된 공학 모델의 기능과 성능 평가 결과를 검토한다.

이 단계에서는 우주 환경을 완벽히 고려하기보다 구현해야 할 기능과 성능에 집중해 개발한다.

5단계 상세 설계 검토 CDR, Critical Design Review

상세 설계 검토는 최종 설계 단계에서 수행된다. 설계가 성숙하여 제조, 조립, 통합 및 테스트를 진행할 준비가 되었는지 평가한다. 이때 평가하는 모델은 공학 인증 모델로 기능과 성능, 우주환경인증 시험 결과를 검토한다. 즉 공학 인증 모델은 우주 환경에서 임무가 정의한 기능과 성능을 만족해야 한다. 공학 인증 모델은 비행 모델과 설계 차이가 거의 없다. 그래서 가끔 비행 모델에 예기치 못한 문제가 생겼을 때 비행 모델 대신 인증 모델을 보내는 경우도 있다.

이 단계를 거치고 나면 아주 제한적인 설계 변경만 가능하며, 인증 모델을 바탕으로 최종 설계를 확정하고 비행 모델의 제작에 들어간다.

6단계 시험 절차 검토 TPR, Test Procedure Review

시험 절차가 적절하게 작성되었는지, 테스트 요구 사항을 충족하는지 평가한다. 우주탐사선이나 탑재체에는 명확한 시험 항목이 존재한다. 앞서 시스템 요구 사항 검토에서 정의한 모든 요구 조건을 검증할 시험 방법이 올바른지 평가하는 것이다.

예비 설계 검토와 상세 설계 검토를 거치면서 수행한 시험 경험을 바탕으로 명확하게 판단할 수 있도록 세부적인 절차를 정립한다. 시스템의 전원을 어떤 순서로 입력하는지, 관측기기를 고정할 때 사용되는 드라이버의 크기까지 명확하게 정의해둔다.

시험을 수행할 연구자가 없을 때도 누구든 시험 절차서만 있으면 시험을 수행할 수 있도록 대비하는 단계이며, 절차에 특별한 노하우가 필요한지 등을 확인한다. 특별한 노하우가 필요한 시험은 되도록 지양한다.

7단계 시험 준비 검토 TRR, Test Readiness Review

시험 준비 검토는 주요 시험 단계 이전에 실시된다. 이 검토의 목적은 시험 대상의 하드웨어·소프트웨어, 시험 시설, 지원 인력, 시험을 수행할 준비가 되었는지를 확인하는 것이다. 우주탐사기기 시험은 크게 기능 시험, 성능 시험, 우주 환경 시험으로 나눈다.

기능 시험은 말 그대로 제작한 기기가 요구된 기능을 수행할 수 있는지 확인한다. 카메라의 경우 노출 시간을 조절할 수 있는지, 게인gain(입력 신호를 증폭하는 기능)을 조정할 수 있는지 등을 시험한다. 성능 시험은 카메라의 해상도가 요구된 해상도를 충족하는지 등과 같이 요구된 성능 조건을 만족하는지 시험한다.

마지막으로 우주 환경 시험은 우주 환경 조건에서 주어진 임무 수명 동안 안정적으로 작동하는지 시험한다. 진공 상태 시험, 온도 변화 시험, 방사선 조사 시험, 충격·진동 시험, 전자기파 간섭 시험 등이 있다. 일례로 탑재체가 임무 기간 동안 받게 될 방사선량을 짧은 시간 동안 겪게 하고, 극심한 우주의 온도 환경을 기기에 직접 적용한다. 기기에 큰 부담을 주는 시험이므로 실제 비행 모델에는 간단히 수행하고, 비행 모델과 동일한 모델을 제작해 강하게 시험하는 것이 보통이다.

8단계 시스템 통합 검토 SIR, System Integration Review

시스템 통합 검토는 시스템 통합 단계 이전에 실시된다. 시스템 통합 계획과 절차가 적절한지 검증하고, 통합 과정에서 발생할 수 있는 위험 요소를 평가한다. 시스템 통합 준비가 완료되었는지, 통합 절차가 적절한지도 확인한다.

우주탐사선은 아주 많은 부품과 하위 시스템의 종합체다. 부품 단위에서 모든 시험을 완료했어도 부품을 모두 조립 후 다시 시험을 수행한다. 핸드북에 규정된 결합 규약을 만족하더라도 아주 미세한 차이로 인해 기기가 정상적으로 작동하지 않는 경우가 발생할 수 있기 때문이다. 탐사선의 모든 모듈은 결합 규약에 따라 제작되는데, 이는 탑재체 초기 설계 단계부터 최상위 시스템에서 결정하여 하부 모듈팀에 전달한 약속이다.

다누리에서도 한 탑재체가 모든 신호 규약을 만족했음에도 전원을 켜고 끄는 명령을 전달할 때 정상 작동하지 않는 경우가 있었다. 어느 때는 작동하고 어느 때는 작동하지 않는 이상한 현상이 발생한 것이다. 탐사선과 해당 탑재체 기술팀이 분석하고 논의한 결과 신호를 주고받는 주기가 아주 미세하게 차이 났다. 탐사선은 매 1.0초마다 신호를 받는데, 탑재체는 이를 1.1초로 인식했다면 열 번 가운데 양쪽의 신호가 x.0초에 딱 맞는 한 번만 정상적으로 신호가 전달된 것이다.

이처럼 복잡한 기기들을 결합하다 보면 예상하지 못한 문제들이 속속 발견되는데, 쉽게 해결할 수 있는 경우도 있지만 상당히 큰 수정을 거쳐야 하는 경우도 있으므로 매우 중요한 절차다.

9단계 운영 준비 검토 ORR, Operational Readiness Review

운영 준비 검토는 시스템 통합 및 시험이 완료된 후 운영 단계 이전에 실시된다. 시스템이 실제 운영 환경에서 정상적으로 작동할 준비가 되었는지 평가한다. 시스템 운영 준비가 되었고, 모든 운영 절차가 마련되었는지 확인한다. 모든 시스템을 실험실에서 구현 가능한 수준에서 우주와 동일한 환경으로 설정한 다음 탐사선과 탑재체가 정상적으로 운영되는지, 설계한 대로 작동하는지 여러 상황을 가정하여 모의시험을 수행한다.

이 단계에서 탐사선과 탑재체의 개발이 완료되며, 심각한 문제가 발생하지 않는 이상 기기를 수정할 수 없다. 발사 전 최종 모의 훈련이라고 할 수 있다.

10단계 비행 준비 검토 FRR, Flight Readiness Review

비행 준비 검토는 발사 직전에 실시된다. 이 검토의 목적은 시스템이 비행 준비가 되었는지 최종적으로 검증하는 것이다. 시스템이 안전하게 비행할 준비가 되었고, 모든 관련 절차와 안전 조치가 마련되었는지 확인한다.

10단계 외에도 하위 시스템에서 독자적으로 수행하는 검증 단계가 촘촘하게 배치되어 있다. 극도로 안정성에 주안점을 둔 개발 과정이다.

우주탐사선과 탑재체에 오래된 기술로 만든 부품을 사용하는 이유는 제품이 만들어진 후 충분한 시간 동안 사용되어 검증된 기술로 인정받은 부품이 안전하기 때문이다. 최첨단기술로 만든 센서를 사용하면 당연히 더 나은 성능을 낼 수 있다. 하지만 우리가 알지 못하거나 예상하지 못한 문제가 생길 수 있는 잠재성도 가지고 있어 발사하고 난 후 고칠 수 없는 우주탐사선에 쓰기에는 위험 부담이 크다.

그래서 특별히 우주에서 쓰일 수 있는 부품임을 보증해 판매하는 기업도 있다. 이런 부품을 우주인증부품space qualified parts이라고 한다. 우주인증부품은 동일한 사양의 부품보다 적게는 수십 배, 많게는 수만 배 비싸다. 일례로 카메라에 쓰이는 일반 CCD 센서는 10만 원에서 100만 원 정도인데, 동일한 사양의 우주인증부품은 수천만 원에서 10억 원이 넘기도 한다. 당연히 이런 부품은 수요가 많지 않아서 기업들이 재고를 보유하지 않는다. 주문이 들어와야 제조를 시작하기 때문에 부품을 구매하려 해도 납품까지 상당히 오랜 시간이 걸린다. 그래서 우주탐사선이나 탑재체를 개발할 때는 납품까지 시간이 오래 걸리는 부품을 미리 목록화하고 일정에 맞춰 구매를 준비한다.

우주탐사선은 이처럼 복잡한 검증 과정과 극도의 안정성을 추구하기 때문에 비싸다. 폴캠 개발에는 총 25억 원이 투입되었는데, 전자부 개발에 10억 원, 광학계 개발에 약 5억 원, 기계부 개발에 3억 원, 그리고 우주환경인증 시험 등 각종 인증 시험과 분석에도 수억 원 이상 들었다. 이 연구개발에 투입된 연구자들의 인건비는 제대로 반영되지 못했다. 우주탐사 과학탑재체 개발이라는 꿈이 있었기에 연구자들이 발로 뛰고 밤을 새우며 비용을 절감한 것이다. 사실 우리 팀은 예산을 25억 원보다 훨씬 높게 추산했지만, 조정 과정에서 삭감되어 부족한 예산으로 프로젝트를 진행할 수밖에 없었다.

종종 해외에 비해 아주 저렴한 비용으로 우주개발을 수행했다고 홍보하는 뉴스가 나온다. 저비용으로 높은 생산성을 창출하는 것은 중요하고 필요한 일이다. 그러나 이 과정에서 누군가의 희생이 강요된다면 이런 구조는 지속 가능하지도 바람직하지도 않다.

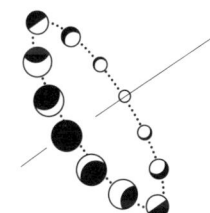

첫 다누리
연구자 모임

항우연에는 과거에도 회의 때문에 몇 번 방문한 적이 있었다. 당시에는 연구자들의 연구실이나 업무를 위한 실무 회의 장소보다 손님들을 맞이하기 위해 잘 꾸며놓은 세미나실이나 대회의실로 갔다. 대부분 항우연에서 주최하는 행사의 손님으로 참석했기 때문이다. 이번에는 다누리 과학탑재체 개발팀으로 참석해서인지 실무 회의실에서 모였다. 회의실에는 인테리어라고 할 만한 것이 없었다. 간단한 회의용 책상과 의자만 있는 넓은 회색 사무실이었다. 앞으로 이곳에서 달에 보낼 탐사선을 개발하는 연구자들과 정기적으로 회의할 생각을 하니 왠지 이 공간이 친숙해졌다.

참석자 대부분은 모르는 사람들이었지만, 다누리 과학탑재체에 선정된 자기장측정기와 감마선분광기 제안팀처럼 반가운 이들도 있었다. 서로 손을 잡고 반갑게 인사를 나누며 짧은 대화를 나눴다. 다들 새로운 시작 앞에서 기대감에 들떠 있었다. 아마 나와 비슷한 기분이었을 것이다. 대한민국의 첫 번째 달 탐사선 개발에 참여하게 되었다는 기대감에 회의실 안 연구자들의 눈빛은 하나같이 반짝였다. 이 프로젝트는 우리 모두에게 큰 기회이자 한국 과학

기술 발전의 중요한 이정표가 될 것이 분명했다.

모임은 달 탐사 단장의 모두발언으로 시작됐다. 첫 킥오프 모임이니 다들 잘해보자는 의미였다. 이런 모두발언에 귀 기울이는 편은 아니었으나 첫 모임이라 그런지, 앞으로 함께하게 될 탐사선 개발 총책임자의 계획과 프로젝트에 임하는 마음가짐이 더욱 중요하게 여겨져 집중해서 듣게 됐다. 달 탐사 프로젝트는 다양한 분야의 연구자들과 여러 기관이 참여하므로 어떻게 협력하고, 달 탐사선 개발을 어떻게 이끌어갈지가 주된 내용이었다.

다음으로 달 탐사선 초기 설계에 대한 하위 시스템 책임자들의 발표가 이어졌다. 그런데 회의가 이어질수록 점차 당혹감이 커졌다. 모인 사람 대부분이 공학자라 해도 모르는 줄임말이 너무 많았다. 더구나 줄임말에 대한 설명을 어디에서도 찾을 수 없었다. 심지어 인터넷에서 찾아봐도 나오지 않는 경우가 많았다. 낯선 용어와 처음 접하는 탐사선 시스템을 이해하기 위해 집중했지만, 회의를 따라가기가 벅찼다. 이런 부분은 조금 아쉬웠다. 보통 과학자들은 처음 만나는 사람과 이야기할 때 줄임말 사용을 자제하거나 줄임말을 사용할 때는 상대방이 아는지 모르는지 눈치를 살피다 설명을 덧붙인다. 아무래도 과학 연구 분야가 다르면 사용하는 용어도 다양하니 처음 만나는 연구자의 배경을 다 알 수 없어 조심하는 편이다. 그런데 공학자들은 분야가 달라도 공통으로 사용하는 줄임말이 많은 것 같았다.

2주마다 모두 모여 각자의 진행 사항을 공유하고 쟁점 사항에 대해 논의하는 시간을 가지기로 했다. 이를 프로그램 미팅이라고 불렀다. 회의가 끝나자 우리도 달에 간다는 현실감이 한층 커졌다. 앞으로 익숙하지 않은 공학적인 일들을 하게 되겠지만 더없이 즐거웠다. 배우고 경험하고 시행착오를 겪는 이런 일이 좋다.

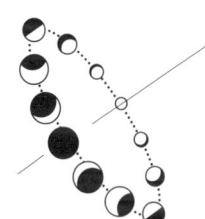

과학탑재체, 우주 임무의 꽃

우주탐사 탑재체는 임무의 시작이자 목표이며, 결과이자 미래다. 우주로 물체를 보내는 것만이 임무였던 적도 있다. 1957년 소련이 스푸트니크 1호를 쏘아 올리면서 인류는 처음으로 지구 밖에 도달했다. 스푸트니크 1호는 네 개의 안테나에서 규칙적인 신호만 쏘는 아주 단순한 인공위성이었다. 우주공간을 조사하기 위한 어떤 과학탑재체도 실리지 않았다.

원래 소련이 인류 역사상 처음으로 쏘아 올리려 했던 것은 우리가 스푸트니크 3호라고 알고 있는 탐사선이다. 다누리보다 두 배 이상 무거운 1,327킬로그램이다. 70년 전 기술이라고는 믿기 어려울 정도로 대단한 기술의 총합체다. 스푸트니크 3호에는 총 여섯 기의 과학탑재체가 실렸는데, 질량분석기, 압력계, 가이거계수기, 미세운석검출기, 자기장측정기, 전기장측정기다. 인류 최초로 인공위성을 발사하는 엄청난 어려움 속에서도 왜 이렇게 복잡한 과학탑재체를 여섯 기나 탑재하려 했을까?

그다음을 준비하기 위해서다. 인류의 우주개발 목표는 단순히 지구 주위를 도는 쇳덩이를 던지는 게 아니라 인류의 영역을 우주로 확장하는 것이다. 스푸트니크 1호가 인류 최초의 인공위성으로서 대단한 업적을 세운 점은 누구도 부정할 수 없지만, 스푸트니크 1호가 인류의 영역을 확대하는 데 기여한 성과는 단지 인간이 만든 물체가 지구를 공전할 수 있다는 사실뿐이다. 탐사선의 온도 변화, 우주에서의 압력 변화, 지구자기장의 세기처럼 다음 탐사선의 설계에 도움이 될 만한 정보가 전혀 없었다.

과학탑재체는 다음 탐사선을 위한 정보를 수집한다. 압력계는 탐사선이 지구를 통과해 우주로 나가는 동안 압력이 얼마나 변화하는지 측정해줌으로써 탐사선의 연료탱크가 얼마나 큰 압력 차이를 견뎌야 하는지 알려준다. 달 탐사선에 영상카메라가 있다면 달 표면에 대한 과학적 정보를 수집하여 달 착륙선 등의 다음 임무에 필요한 데이터를 제공한다. 이런 정보들은 인류가 점차 우주 영역을 확대할 수 있는 토대를 마련해준다.

우주탐사 임무는 우주에서 어떤 정보를 얻을지 결정하는 일에서부터 시작된다. 이 과정은 과학자가 주도한다. 과학자는 탐사 대상에 관한 정보를 얻기 위해 어떤 과학 장비가 필요한지 고민하고, 이것이 곧 임무의 목표가 된다. 과학 장비가 수집한 데이터는 탐사 임무의 결과물이다. 수집한 데이터는 탐사 대상의 과학적 사실을 밝혀내며, 미래의 우주탐사를 더 정밀하고 발전된 방식으로 수행할 수 있는 기반을 제공한다. 그래서 탐사선의 과학탑재체를 임무의 시작이자 목표이고, 결과이자 미래라고 하는 것이다.

물론 아무리 훌륭한 과학 임무를 수행할 수 있는 과학탑재체를 탑재한들 탐사선이 탐사 대상에 도달하지 못하면 아무 소용없다. 공학자들은 이 탐사 임무를 할 수 있는 토대를 만든다. 과학은 공학을 토대로 자라나는 꽃과 같다. 공학이 튼튼하고 풍성하지 않으면 과학은 크고 아름답게 꽃피울 수 없다. 또한 공학은 과학적 사실로부터 출발한다. 양자역학에 대한 이론적 지식이 없었다면, 오늘날 양자컴퓨터의 개발 원리를 알 수 없었을 것이다. 다시 말해 과학과 공학은 서로가 서로에게 의존하는 공생관계다.

과학탑재체의 개발 과정에서도 공학의 역할이 크다. 우리 팀 역시 폴캠을 설계, 제작하고 시험한 다음 다누리에 탑재하여 발사하는 동안 과학자보다 공학자의 역할이 더 많은 비중을 차지했다. 과학탑재체를 개발하는 과정에서 과학자가 할 일은 설계 초기와 제작 후 시험할 때에 집중되어 있다.

과학자와 공학자가 협력하여 과학탑재체를 개발하는 과정을 간단하게 6단계로 나누면 다음과 같다.

1단계 과학 임무 정의(임무 목표 설정)

과학탑재체를 개발하기 위해 가장 먼저 해야 할 일이다. 과학탑재체를 통해 무엇을 알고자 하는지, 어떤 과학적 질문을 해결하고자 하는지를 명확히 한다. 달의 토양 구성이나 표면의 물 분포를 연구하는 과학 목표를 설정하면, 그에 맞춰 필요한 데이터와 분석 방법을 구체화해야 한다. 폴캠의 과학 목표는 달 표면의 우주 풍화와 달 내부의 열적 진화 과정을 이해하고, 앞으로 개발할 달 착륙선의 착륙지를 선정하기 위한 기초 자료를 제공하는 것이다.

임무 목표란 목적을 달성하기 위한 구체적이고 측정 가능한 단계나 과업을 말한다. 임무 목표는 최종적으로 탐사 임무가 성공했는지 실패했는지 결정하는 중요한 지표다. 정량적이며 구체적인 값을 내놓아야 한다. 폴캠의 임무 목표는 다음과 같다.

'월면을 100미터 해상도로 320나노미터nm, 430나노미터, 750나노미터 관측 파장에서, 측광 관측 및 편광 관측 방법을 이용하여 측정오차 1퍼센트포인트 이하로 전 월면 지도를 작성한다.'

이 단계에서는 과학자의 역할이 매우 중요하다. 구체적으로 달성해야 할 목표를 제시해야 공학적으로 구현 가능한지 판단할 수 있을 뿐만 아니라, 탐사기기의 초기 설계를 위한 기초 값이 되기 때문이다.

2단계 과학 임무 요구 사항 도출

과학 임무가 정의되면 이를 실현하기 위한 구체적인 요구 사항을 도출해야 한다. 여기에는 카메라 해상도, 시야 범위, 편광 정밀도, 데이터 전송 속도 등 구체적인 기술적 요구 사항이 포함된다. 카메라가 달 탐사선에 설치되기 때문에 무게와 크기, 전력 소비량 등도 중요한 고려 사항이다. 이런 요구 사항은 앞서 결정한 임무 목표를 달성하기 위해 꼭 충족해야 하는 조건이다.

144쪽 표는 폴캠의 과학 임무 요구 사항의 일부다. 모든 요구 사항에는 번호가 부여되고, 요구 사항이 충족되는지 추적한다.

3단계 기술적 실현 가능성 검토

요구 사항이 도출되면 실제로 구현할 수 있는지 기술적 실현 가능성을 검토해야 한다. 현재 사용 가능한 기술과 재료, 제작 가능성 등을 평가한다. 예를 들어 폴캠을 제작하는 데 필요한 렌즈, 센서, 전자 부품 등을 조달할 수 있는지, 새로운 기술개발이 필요한지 검토한다.

문서	번호	요구 사항
IRD-520-001	00090	폴캠은 모든 축에서 월면 직하 방향에 대해 ±0.1도 이내로 정렬되어야 한다.
IRD-520-001	01010	폴캠은 월면 직하 방향에 대해 10도 비스듬히 정렬된 작동 시야각을 가져야 한다.
IRD-520-001	01020	폴캠의 광학계는 월면 직하 방향에 대해 위성 진행 방향의 수직 방향으로 45도 각도로 장착되어야 한다.
IRD-520-001	01030	폴캠은 KPLO의 기준 궤도(고도 100km)에서 35km 폭의 지역을 포함하는 영상 데이터를 획득해야 한다.
IRD-520-001	01070	광학 박스의 크기는 배플 light baffle (산란광 차단기) 없이 150mm×100mm×85mm보다 작아야 한다.
IRD-520-001	01071	전기 박스의 크기는 170mm×120mm×65mm 보다 작아야 한다.
IRD-520-001	01080	총무게는 열 제어 장치를 포함하여 3kg 미만이어야 한다.
IRD-520-001	01090	작동 온도 범위는 -20도에서 50도, 생존 온도 범위는 -30도에서 65도, 냉간 기동 온도는 -25도 이상이어야 한다.

폴캠의 과학 임무 요구 사항

4단계 탑재체 초기 설계

요구 사항이 확정되면 이를 바탕으로 탑재체의 초기 설계를 진행한다. 이 단계에서 카메라의 전체적인 구조와 각 부품의 위치, 연결 방식을 구체화한다. 또 설계 도면을 작성하고 시뮬레이션을 통해 카메라의 기능과 성능을 예측한다.

5단계 기능 시험과 성능 시험

초기 설계가 완료되면 공학 모델을 제작하여 기능 시험과 성능 시험을 진행한다. 기능 시험은 요구된 모든 기능을 카메라가 제대로 수행하는지 확인하는 과정이고, 성능 시험은 카메라의 성능이 요구 사항을 충족하는지 확인하는 과정이다. 우주탐사기기는 최소 3단계의 기기 검증을 거친다.

첫 번째 검증에 쓰이는 공학 모델로 요구된 기능이 충실하게 구현되는지 중점적으로 시험한다. 공학 모델이 충분히 기능과 성능을 구현한다고 판단하면 기술적으로 비행 모델과 거의 차이가 없는 공학 인증 모델을 제작한다. 이 기기가 우주 환경에서도 앞서 보인 기능과 성능을 구현할 수 있는지를 중점적으로 최대한 많은 시험을 수행한다.

6단계 시험 결과 반영 재설계

기능 시험과 성능 시험 결과를 바탕으로 필요한 경우 설계를 수정한다. 6단계에서는 시험에서 발견된 문제점들을 해결하고 성능을 최적화하기 위해 설계를 다시 검토한다. 재설계를 통해 더욱 완성도 높은 최종 제품을 제작할 수 있게 된다. 데이터 전송 속도가 느리다면 전송 방식을 개선하거나, 편광 측정 정확도가 낮다면 편광기를 교체하는 작업 등을 진행한다.

보통 1, 2, 3단계가 과학자가 주도하는 영역이다. 임무를 결정하고 시험을 통해 실제 목표한 성능이 구현되는지 검토한다. 그리고 4, 5, 6단계를 반복하며 공학 모델, 공학 인증 모델, 비행 모델 순으로 점차 기기를 완성해나간다.

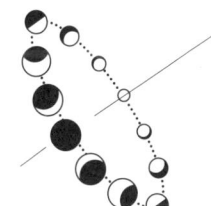

나는 과학자인가, 공학자인가

과학자란 일반적으로 과학을 직업적으로 연구하는 사람들을 말한다. 꼭 박사학위를 받은 사람을 지칭하지는 않는다. 대학원 시절 나는 스스로 과학자라 여겼다. 하지만 대부분 이학박사를 취득하고 연구를 이어나가는 사람을 과학자라고 생각한다. 초등학교부터 대학교까지 교육과정에서 초기에는 모두가 알아야 하는 넓은 분야의 지식을 배운다. 공통수학이니 공통과학이니 하는 과목들이다. 대학교로 올라갈수록 자신이 더 집중하고 싶은 분야로 좁혀간다. 고등학교 때에는 이과와 문과로 나뉘어 교육과정이 달라지고, 대학교 때에는 국문학과, 천문학과처럼 더 좁은 분야로 좁혀진다. 대학원에 가면 은하, 항성, 태양, 행성, 달과 같이 세부적이고 특정한 대상을 연구한다. 심지어 같은 대상을 연구하는 연구자들 사이에도 상당히 다른 연구를 하는 경우가 많아서 같은 달 과학자라도 서로의 연구를 잘 알지 못한다.

그러다가 박사학위를 받는 순간부터 반대로 모든 분야가 통합된다. 이과계열을 졸업한 사람을 이학박사Doctor of Science, 공학계열을 졸업한 사람을 공학박사Doctor of Engineering라고 부르며, 우리가 학과라고 부르던 경계가 사라진다. 이학박사와 공학박사 모두

Ph.D라고 표기하니 학위만 보면 어떤 분야의 연구를 했는지 알 수 없다. 그래서 편의상 출신 분야인 천문학 박사, 물리학 박사와 같이 구분하지만, 내가 물리학이나 화학으로 연구 분야를 바꾼다 한들 박사학위를 다시 받아야 할 필요는 없다. 물론 내가 갑자기 화학 분야에 가서 박사라고 떠든다고 박사로 인정해준다는 말은 아니다.

이는 박사학위가 그 사람의 지식을 평가하는 증명이 아니기 때문이다. 천문학 박사는 천문학 지식이 석사나 대학원생보다 해박하다는 뜻이 아니다. 은하에 관한 지식은 대학원에서 은하를 연구하는 학생이 나보다 월등하고, 별 탄생에 관한 지식은 별의 탄생을 연구하는 대학원생이 나보다 월등히 많을 것이다. 천문학 전반 지식도 대학원생이 나보다 더 폭넓게 공부했다면 더 박식할 수 있다. 그럼에도 그들과 박사를 구분한다.

왜 그럴까? 박사학위는 제대로 된 논문을 주 저자로서 작성한 사람에게 수여한다. 즉 박사는 연구의 기획과 설계, 수행과 분석, 결과 도출까지 모든 과정을 스스로 할 수 있다는 것을 증명한 사람이다. 게다가 이 연구에서 도출된 결과를 다른 동료 연구자들에게 평가받고 의미 있는 연구임을 인정받아야 한다. 한 주기에 걸친 연구의 과정을 완결했다는 것은 큰 의미를 가진다.

연구를 기획할 수 있다는 것은 해당 분야에서 지식의 빈틈이 있다는 점을 인식하는 안목을 가졌다는 뜻이다. 이는 해당 분야에 대한 폭넓은 이해가 바탕이 되어야 한다. 연구를 설계할 수 있다면 연구의 수행 결과를 추정할 수 있고, 올바른 방향으로 결과를 얻기 위한 논리적 방법을 찾을 수 있는 연구자다. 또 연구 수행 능력은 자신의 설계를 믿고 꾸준히 밀고 나갈 수 있는 인내가 있음을 의미한다. 마지막으로 연구 결과를 도출한다는 것은 연구 수행 데이터를 분석해 과학적인 결론을 낼 수 있는 논리의 체계화가 가능하다는 뜻이다.

연구자가 이 과정을 충분히 수행할 수 있다는 것을 나타내는 지표가 '제대로 된' 연구논문이다. '제대로 된'을 강조하는 이유는 이상한 논문이 꽤 많기 때문이다. 그럼 논문이 제대로 되었다는 것은 어떻게 평가할까? 바로 동료 평가다. 박사학위를 받은 성숙한 박사들이 연구 결과를 검토하여 제대로 된 연구인지 평가한다. 앞선 과정을 종합하면 결국 박사란 과학적 방법으로 연구할 수 있는 준비된 사람을 뜻한다.

공학박사와 이학박사는 Ph.D.라는 공통 범주에 들어가므로 굳이 구별할 필요는 없다고 생각한다. 서로 다른 분야의 박사들이 만날 일도 많지 않다. 공학자는 공학자와 협업하고, 과학자는 과학자와 협업하는 것이 보통이다. 그러나 우주탐사 분야는 이 둘의 협업이 강제된다. 공학자가 없으면 과학자들이 원하는 관측기기를 개발할 수도, 우주로 보낼 수도 없다. 공학자들은 과학자가 없으면 무엇을 만들어서 무엇을 해야 할지 모른다. 우주탐사팀은 공학자팀과 과학자팀이 필연적으로 공존한다.

나는 과학자 사이에서 자란, 뿌리부터 과학자다. 특히 대학원에서 우주탐사와 거리가 먼 은하역학으로 시작했기에 공학과도 거리가 멀었다. 우리나라의 우주탐사는 공학을 중심에 둔 우주탐사를 지향한다. 우리나라가 기술개발로 성장한 국가다 보니 과학 성과보다 기술개발이 주는 혜택에 더 많은 관심을 갖기 때문이다. 다누리는 다른 해외 우주탐사팀들보다 과학자의 수가 월등히 적은 편이었다. 전체 다누리팀에서 과학자라고 부를 수 있는 사람의 수를 두 손으로 꼽을 정도였다. 계속 말했듯이 우리나라 달 과학자를 다 합해도 극소수이기 때문이기도 하다. 우주탐사팀은 임무를 성공시키는 게 최우선이므로 과학자보다 공학자가 많아야 더 안정적이다. 충분한 수의 공학자가 팀에 배치된다면 아무래도 안정감이 높아진다. 이럴 경우 어렵게 우주탐사를 했는데도 성과가 없는 상황이 생길 수 있다. 그런데 우리 팀에는 이례적으로 과학자가 더 많았다. 폴캠 개발을 시작할 때에는 팀에 전자부 개발을 담당하는 공학자가 한 명뿐이었다. 이런 한계 탓에 전자부 외의 부분들에서 어려운 점이 생기기 시작했다.

우리의 전략은 간단했다. 우리는 누구보다 달 과학이 하고 싶었고, 카메라를 개발하는 일은 가능한 외부의 경험 많은 전문가에게 아웃소싱하기로 했다. 우주에서 사용하는 카메라의 기능도 일반 카메라와 다르지 않다. 우리나라의 우주탐사 인프라 구축에 기여하고, 우리 연구원 상황을 고려해 과학 연구에 집중하기 위한 전략이었다.

　우리는 전략에 맞추어 폴캠을 개발하기 시작했다. 카메라의 전자부 개발은 KAIST 인공위성연구소와 용역 계약을 체결했고, 광학계 렌즈 제작은 인공위성에 탑재되는 광학카메라 등을 개발해온 국내 우주탐사 기업과 용역 계약을 체결했다. 정확한 과학 요구 사항을 도출하고, 전자부와 광학부를 조합·조율하는 부분만 연구원에서 수행하기로 했다.

　전략적으로는 문제될 부분이 없었다. 인공위성연구소는 국내에서 가장 많은 우주탐사기기를 만들어왔고, 광학계 렌즈 제작을 맡은 기업도 우주용 광학계optical system 개발 경험이 풍부했다. 그곳의 기술자들 역시 대단한 전문가들이었다. 문제는 그들이 설계하고 만든 제품이 제대로 만들어졌는지, 요구 사항을 충분히 만족하는지에 대한 검증을 우리 팀 내부에서 할 수 없었다는 점이었다. 외부에서 제작한 제품의 성능을 무작정 믿을 수밖에 없었다.

　무조건적인 신뢰는 오래가지 못했다. 처음 문제를 인식하기 시작한 분야는 광학계. 계약 업체에서 광학계 렌즈 제작을 위해 설계한 광학계의 성능이 적절한지 평가하는 회의를 가졌다. 업체에서 몇 종류의 설계안을 작성해 각 설계의 장단점을 발표하면 연구팀이 그중 가장 적절한 것을 선택하여 수정을 요청하는 자리였다. 업체 관계자와 우리 팀의 최영준 박사님, 김성수 교수님, 나 이렇게 세 명이 자리했다.

업체는 두 가지 설계안을 제시했다. 발표는 잘 진행했지만 발표 내용은 우리가 요구한 사항과 상당히 달랐다. 광학계의 시야는 우리가 요구한 시야보다 두 배나 넓었고, 무게는 세 배나 더 나갔으며, 렌즈 소재 가운데 일부만 우주용 렌즈 소재를 채택했다. 나는 발표를 들으며 누군가 이런 점을 지적할 거라고 생각했다. 당시 나는 그저 달 과학을 하는 대학원생일 뿐이라서 궁금증이 생긴다고 바로 질문하는 건 부적절하다고 생각했다. 많은 전문가가 모인 자리에서 모르는 것 하나하나 질문하기 시작하면 회의를 진행하는 데 방해된다. 그런데 업체의 발표가 거의 끝나갈 때까지도 우리의 의도와 다른 부분에 관해 아무도 언급하지 않았다. 나는 발표 내내 집중하며 잘못된 부분이라고 생각한 부분에 나는 모르는 어떤 의도가 있는 것인지 깊이 고민했다. 실제로 초보가 보기에 이상해도 고수들은 당연하게 여기는 부분이 많다. 그러나 발표가 모두 끝날 때까지 나는 도저히 숨겨진 의도를 찾지 못했다. 결국 궁금했던 질문을 했다.

"광학계의 시야가 우리가 요구했던 것과 꽤 다른데 다른 의도가 있는 건가요?"

그 자리에 있던 사람들의 이목이 집중됐다. 나는 이목이 집중되면 약간 귀가 빨갛게 상기되는데, 그 순간 딱 그랬다. 다 당연하게 아는 사실을 나만 모르고 바보같이 질문하는 것이 아닌가 싶어 쭈뼛거리고 있었다. 업체의 전문가 답변은 허무하리만큼 단순했다.

"요구 사항보다 시야가 넓은데 더 좋지 않나요?"

나는 이 대목에서 무언가 크게 잘못되었다고 느꼈다. 다른 숨겨진 의도나 큰 의미가 있는 것이 아니라, 단순히 우리가 요구한 시야보다 넓으니 문제가 없다는 답은 내가 바란 답이 아니었다. 이를 집어낸 사람이 아무도 없었다는 점은 더 큰 문제였다. 이 질문을 시작으로 최영준 박사님도, 김성수 교수님도 내가 발표를 듣는 동안 의문을 품었던 질문과 같은 질문들을 쏟아냈고, 업체에 우리의 요구 사항이 제대로 전달되지 않았다는 사실을 확실히 알게 되었다. 이 회의가 끝나고 최영준 박사님은 내게 광학계 관련 전문지식이 있는지 물었다. 천체망원경을 만드는 취미 덕분에 광학 설계에 대해 약간 알아볼 수 있는 정도라고 답했다. 그 뒤 나는 폴캠 팀의 광학 담당자가 되었다.

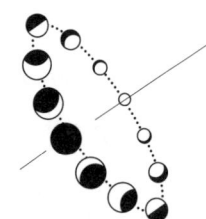

폴캠의 광학 설계 결정

요즘은 중국에서 만든 저렴한 망원경이 상당히 많아서 50만 원 정도면 그럭저럭 쓸 만한 망원경을 장만할 수 있다. 내가 중고등학생 때에는 망원경이 엄청난 고가품이라서 서민 가정에서는 천체망원경을 사기 어려웠다. 주로 일본산과 미국산 수입품으로 당시에도 수백만 원을 훌쩍 넘었다.

이때 망원경을 직접 만들어보기로 한 나는 천체망원경 제작 동호회를 기웃거리며 몇 번 망원경을 제작했다. 천체망원경 제작 동호회는 취미로 망원경을 만드는 사람들이 모인 동호회로, 회원들은 전문성을 가진 덕후에 가까웠다. 이 동호회는 망원경이 필요해서 직접 설계, 제작하여 사용까지 하다 보니 전문적이었고 쌓인 노하우가 상당했다.

나는 동호회에서 광학계 제작을 경험했고, 광학 설계나 제작을 실제로 해보지 않으면 알 수 없는 노하우를 배웠다. 덕분에 광학 엔지니어링에 관해 아주 얕으면서도 전반적인 지식을 가지고 있어 폴캠 광학계 제작업체와의 미팅에서 사용하는 용어나 질문을 알아들을 수 있었다. 그 미팅 이후 광학계 제작업체의 엔지니어는 나에게 모든 연락과 문의를 하기 시작했고, 폴캠 광학계 제작 담당자로서 업무를 수행했다.

폴캠의 광학계는 단순하다. 우주용 과학탑재체의 전자부품이 최첨단기술의 집합이 아니듯이 우주용 광학계도 최대한 단순하게 만들어야 안정적이고 경제적이다. 하나의 광학계 안에는 여러 장의 렌즈가 겹쳐짐으로써 그 기능을 한다. 렌즈를 하나만 사용해도 빛을 모아 망원경 역할을 할 수 있으나 하나의 렌즈로 이루어진 망원경은 왜곡수차가 크다. 물체의 중심부와 주변부의 확대율이 달라서 상이 왜곡되어 보이는 현상을 왜곡수차라고 하는데, 왜곡수차가 크면 이미지가 선명하게 만들어지지 않는다. 이를 줄이기 위해 망원경이나 카메라 광학계에는 여러 장의 렌즈를 사용한다. 많으면 20장이 넘기도 한다.

우주용 광학계는 가능한 모든 노력을 기울여 렌즈의 수를 줄인다. 지상에서 사용하는 렌즈도 마찬가지지만, 우주에서 사용하는 렌즈 수를 줄이려면 더 많은 노력이 필요하다. 제일 큰 이유는 우주에서 렌즈로 사용할 수 있는 유리의 종류가 아주 제한적이고 비싸기 때문이다. 렌즈 한 장의 가격이 수천만 원을 넘기도 한다. 일반적인 유리는 우주선cosmic ray 같은 고에너지 방사선을 받으면 금세 불투명해진다. 태양 빛 아래 투명한 플라스틱을 오래 두면 누렇게 변하는 현상처럼 일반적인 유리 소재는 우주공간에 노출되면 본래의 특성을 잃어버린다. 이런 문제를 방지하려면 우주공간에서도 특성이 잘 변하지 않는 내방사선 유리를 사용해야 한다. 예산만 고려해도 렌즈의 수가 적을수록 좋은 것이 당연하다. 또 렌즈가 많으면 과학탑재체가 무거워진다. 우주로 발사되는 과학탑재체의 무게는 곧 비용과 직결되므로 렌즈 수가 적은 가벼운 광학계로 만들어야 한다.

렌즈의 수가 많으면 이를 고정해야 하는 구조체도 복잡해진다. 복잡한 구조는 예상치 못한 문제를 일으킬 가능성이 높아서 우주용 망원경이나 렌즈를 설계할 때는 최대한 단순한 구조로 만들려고 노력한다. 일반적으로 DSLR 카메라에는 10~20장의 렌즈가 사용된다. 그런데 폴캠의 광학계에는 여섯 장의 렌즈만 쓰였다. 처음 설계에서는 렌즈가 아홉 장이었다가 설계를 점차 고도화하면서 여섯 장까지 줄였다.

폴캠은 편광지도 작성이 목표이므로 달 표면을 빈 공간 없이 효율적으로 관측해야 한다. 이를 위해 가장 중요한 설계 사양이 관측 시야의 넓이다. 관측 시야는 얼마나 넓은 범위를 한 번에 관측할 수 있느냐를 결정한다. 단순히 넓은 범위를 관측할수록 좋을 것 같지만 그렇지 않다. 넓은 범위를 관측하면 한 번에 많은 데이터를 얻을 수 있다는 장점이 있는 반면 해상도가 낮아진다. 해상도는 센서의 픽셀 수에 의해 결정된다. 1,000픽셀짜리 카메라로 관측한다고 할 때, 관측 시야를 1킬로미터로 설정하면 1픽셀당 차지하는 길이는 1미터다. 이 경우 카메라의 해상도는 1미터다. 관측 시야를 10킬로미터로 넓히면 한 픽셀이 차지하는 길이가 10미터가 되므로 해상도는 10미터로 나빠진다. 이처럼 관측 시야와 해상도는 상충관계에 있다. 따라서 적정한 관측 시야를 결정하는 일이 아주 중요하다.

폴캠의 관측 시야는 다누리가 달을 한 바퀴 도는 공전 속도와 달이 자전하는 속도로 결정됐다. 다누리는 달의 북극과 남극을 오가는 극궤도위성으로, 고도는 달 표면을 기준으로 100킬로미터±30킬로미터다. 다누리가 인공위성이라서 달은 가만히 있고, 인공위성인 다누리가 달의 지역을 돌며 관측을 수행한다고 생각하기 쉽다. 실제로는 그 반대다. 우주공간에서 한 번 운동 방향을 결정하면, 그 운동을 바꾸는 데 에너지가 필요하므로 한 번 궤도운동을 시작한 위성은 동일한 궤도를 계속 돈다. 즉 다누리는 같은 위치에서 궤도를 돌고, 달이 자전하면서 촬영되는 위치가 변한다.

인공위성에서 사용하는 카메라 대부분은 1차원 센서를 사용하는데, 폴캠도 그렇다. 우리가 일상적으로 사용하는 카메라의 센서는 2차원 센서다. x 방향과 y 방향으로 면적을 가지며, 사진을 찍으면 1,920×1,080(FHD)이나 3,840×2,160(4K) 같은 픽셀 수의 이미지를 얻는다. 폴캠이 1,024×1의 1차원 센서를 사용하는 이유는 효율성 때문이다. 여기서 시야라고 부르는 방향은 1,024픽셀 방향을 의미한다.

일반 카메라를 사용해 국제우주정거장에서 지구의 지도를 만들기 위해 사진을 찍는다고 가정해보자. 국제우주정거장은 지표면 위를 시속 2만 8,000킬로미터로 비행한다. 지표면이 매우 빠르게

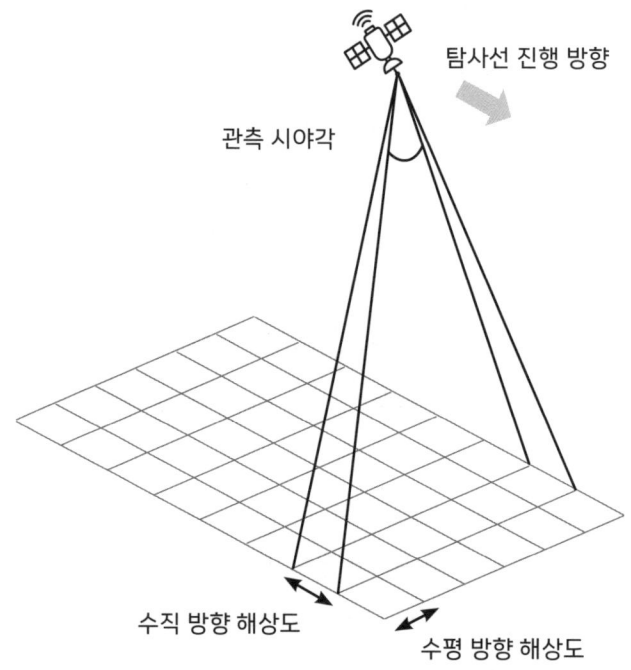

한 줄의 이미지 센서를 탐사선이 휩쓸고 가면서 연속된 이미지를 얻는다. 그래서 수평 방향 해상도는 이미지 센서의 픽셀 크기에 의해 해상도가 결정되고, 수직 방향 해상도는 탐사선이 이미지를 촬영하는 시간 간격에 의해 결정된다. 이런 방식으로 인해 천문학에서는 해상도를 표현할 때 공간분해능 spatial resolution 이라고 하지만, 우주탐사선의 영상 탑재체는 지상표본간격 GSD, Ground Sampling Distance이라고 한다.

◎ 달 궤도선에서 주로 쓰이는 푸시-브룸 영상 촬영 방식

스쳐 지나가기 때문에 사진을 찍어서 모자이크처럼 이어붙여 지도를 만들려면 굉장히 정확한 타이밍에 촬영해야 한다. 조금만 늦게 찍어도 앞서 찍은 사진과 이어지지 않아 빈 공간이 생기고, 조금만 빨리 찍어도 앞선 사진과 겹치는 부분이 너무 많아 비효율적이다. 빈 공간이 생기지 않도록 약간 일찍 촬영해 사진 일부가 겹치도록 만드는 방식이 안정적이다. 그런데 이렇게 겹치는 부분은 중복 데이터가 발생한다. 데이터 전송 속도가 제한적인 우주에서 중복 데이터는 큰 낭비다.

이런 문제를 해결하고자 궤도선에서 지도를 만들기 위해 설계된 카메라 대부분은 1차원 센서를 사용하며, 푸시-브룸push-broom 방식으로 촬영한다. 푸시-브룸 방식은 간단히 말해 복사기가 종이를 스캔하는 것과 같다. 복사기로 문서를 스캔할 때 밝은 줄로 된 LED등이 종이를 훑고 지나가는 것을 볼 수 있는데, 이 LED등 옆에 한 줄짜리 센서가 들어 있다. 달 궤도선의 카메라도 이와 같은 1차원 센서를 이동시키며 연속 촬영하여 2차원 이미지를 만든다. 이 방식을 이용하면 스캔 속도를 일정하게 조정해 겹치는 지역을 없앨 수 있어 효율적이다. 폴캠도 이 같은 1차원 촬영 방식을 사용한다. 폴캠의 경우 색과 편광 필터가 각각인 여섯 개의 1차원 센서를 사용하므로 한 번 관측하면 여섯 장의 길쭉한 사진이 생성된다. 이때 관측 시야를 너무 넓게 하면 스캔 이미지의 폭이 넓어진다. 즉 북극-남극 방향이 아니라 동서 방향으로 범위가 더 넓은 사진을 얻게 된다. 쉽게 말해 더 큰 스캐너를 사용하는 것 같은 효과가 나타난다. 달의 자전 속도는 달 표면의 적도를 기준으로 시속 16,655킬로미터다. 다누리가 달의 한 바퀴를 도는 약 두 시간 동안 달은 약 33.31킬로미터 옆으로 회전한다. 다누리는 같은 자리에서 계속 궤도를 돌고 있어도, 달이 자전하면서 33.31킬로미터씩 옆으로 돌아가기 때문에 다누리가 관측하는 달 표면은 자동으로 바뀐다. 따라서 폴캠의 시야를 33.31킬로미터로 설정하면 중복 없이 매끄러운 지도를 만들 수 있다.

여기서 끝이 아니다. 다누리의 공전궤도는 완전한 원형이 아니라서 달과의 거리가 70~130킬로미터까지 변하고, 다누리의 자세도 약간씩 변하면서 달 궤도를 돈다. 따라서 관측 시야를 정확히 33.31킬로미터로 설계하면 고도 변화와 자세의 불확실성으로 인해 촬영하지 못하는 빈 공간이 생길 수 있다. 결국 매끄러운 지도를 만들기 어려워진다. 그래서 폴캠의 최종 관측 시야는 35.26킬로미터가 되었다. 다누리의 고도가 변하더라도 궤도별 사진이 아주 약간씩 겹쳐져 매끄러운 지도를 만들 수 있고, 데이터 낭비를 최소화할 수 있다.

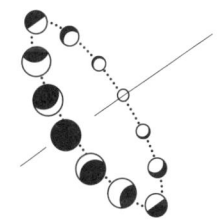

폴캠 개발 과정에서 알게 된 과학자와 공학자의 차이

공학자를 엔지니어engineer라고 한다. 라틴어 인제니움ingenium에서 유래했으며, 기발한 생각이나 발명품 등을 의미한다. 흥미로운 점은 기발한 생각과 발명품 사이에 만들기라는 과정이 포함되어 있음에도 이 단어가 기발한 생각과 발명품을 하나로 아우른다는 것이다. 기발한 생각을 발명품으로 발전시키는 공학의 특성을 적절하게 표현한 말이다.

오늘날 공학자는 이론적 지식을 실용적 설계와 제작으로 구현하는 일을 한다. 유능한 공학자는 단순히 이를 구현하는 것뿐만 아니라 최소한의 자원으로 최대의 효율을 내는 기기를 설계하고, 최소한의 부품과 시간을 투입해 완성하도록 설계한다. 따라서 공학자의 주요 관심사는 구현과 최적화다.

과학자는 사이언티스트scientist다. 라틴어 사이엔티아scientia에서 유래했으며, 지식이나 앎을 의미한다. 엔지니어가 만든다는 행동을 내포하고 있다면, 사이언티스트는 단순히 지식이나 앎이라는 명사에서 비롯되었다. 이 점에서 사이언티스트는 지식을 보유한 전문가라고 볼 수 있다. 과학자는 어떤 행위를 포함하지 않는, 그저 지식을 보유한 상태를 나타낸다. 보통 직업을 나타내는 단어는 그 사람이 하는 일을 포함하지만, 과학자는 그렇지 않다. 과학을 하는 사람이라고 하면 의미는 통하지만, 과학을 한다는 것이 정확히 무엇인지 명확하게 이해하기 어렵다. 이런 이유로 과학자는 직업의 한 분류라고 하기엔 다소 모호하다.

영어에서 직업을 나타내는 단어를 살펴보면 과학자와 공학자의 차이를 엿볼 수 있다. 직업을 나타내는 단어는 주로 -er이나 -ist로 끝난다. -er은 동사의 접미사로 어떤 행동을 하는 사람을 뜻한다. engineer, teacher, writer 등이 있다. -ist는 scientist, artist, psychologist처럼 명사 뒤에 붙어 직업보다 특정 분야에서 전문성을 가진 사람을 가리키는 경우가 많다. 한 예로 아티스트artist는 예술가라는 뜻이지만, 꼭 예술을 직업으로 삼는 것은 아니다. 취미로 그림을 그리거나 노래를 만들어도 예술가라고 불릴 수 있고, 예술적 감각이 뛰어난 사람도 예술가라고 할 수 있다. -er로 끝나는 단어는 동사의 의미를 포함하여 특정 행위를 하는 직업을 강하게 나타낸다. 단어 하나만 봐도 과학자와 공학자의 근본적인 차이가 잘 드러난다.

과학자는 과학 분야의 전문적인 지식을 보유하고 있으며, 새로운 지식을 탐구하는 사람이다. 과학자는 자신이 모르는 것이 많다는 것을 기본 전제로 삼는다. 이들은 현재 알고 있는 지식과 알아야 하는 지식을 구분하고, 알고 있는 지식을 통해 알아야 할 지식을 어떻게 알아낼지 탐구한다. 반면 공학자는 모르는 부분이 있으면 다음 단계로 넘어가지 못한다. 예를 들어 폴캠의 해상도를 정할 때 과학팀에서 처음 제시한 요구 사항은 '가능한 높은 해상도로 관측한다'였다. 해상도는 달 표면을 얼마나 자세히 볼 수 있는지를 결정하기에 해상도가 높을수록 더 많은 정보를 얻을 수 있다. 그러나 우주탐사를 진행하는 공학팀의 입장은 다르다. 임무 목표가 정해졌다면 그 목표를 달성하기 위한 '최소한의 해상도'를 요구한다. 지구관측위성을 설계할 때 임무 목표가 지역별 자동차 색상을 연구하는 것이라면, 먼저 자동차를 구분할 수 있어야 한다. 이 경우 최소한의 해상도는 자동차 크기와 동일하다. 최소한의 해상도에 관한 요구 사항이 정해지면, 이를 충족하는 센서 크기나 광학계 설계를 결정할 수 있다. 이처럼 공학자들은 임무를 달성하기 위해 실질적이고 합리적인 결정을 내린다. 과학은 이렇게 직관적이지 않다.

비슷한 사례가 또 있다. 사진에서 이미지 품질을 저하시키는 불필요한 신호나 픽셀 변동을 노이즈noise라고 한다. 노이즈는 발생 원인에 따라 몇 가지로 나뉜다. 암전류, 편평도, 랜덤 노이즈, 푸아송 노이즈 등이 있다. 이 가운데 푸아송 노이즈는 통계적으로 발생하며, 사진에 큰 영향을 미친다. 과학자들은 이 노이즈가 프랑스 수학자 시메옹 드니 푸아송Siméon Denis Poisson이 발견한 푸아송 분포를 따르기 때문에 푸아송 노이즈라고 부른다. 공학자들은 샷 노이즈라고 부른다. 이미지를 촬영하는 행위를 샷shot이라고 부르는데, 촬영 과정에서 자연스럽게 발생하는 노이즈라 해서 정한 명칭이다.

과학자는 노이즈의 발생 원인을 이해하고 제거할 방법을 찾기 위해 노이즈의 원인과 특성을 가장 잘 나타내는 용어를 사용한다. 공학자는 노이즈를 현상적으로 구분하기 위한 용어를 사용한다. 하나의 개념을 설명하는 용어만 보더라도 이렇게 다르다.

이처럼 과학자와 공학자의 근본적인 차이로 인해 소통에 문제가 일어나곤 하는데, 우주탐사는 공학자와 과학자의 협업이 필수적이므로 꼭 문제가 생길 수밖에 없다. 폴캠팀 역시 공학팀과 과학팀 사이의 의사소통 차이로 인한 문제를 겪었다. 대표적인 예가 폴캠의 관측 시간 기록 문제다. 우주탐사 탑재체에서 관측 시간은 엄청 중요하다. 관측 시간은 곧 관측 위치로 변환되기 때문이다. 특히 지도를 작성하는 영상 탑재체의 경우 관측 해상도에 따라 다르나, 보통 1,000분의 1초 이상의 시간 정밀도가 요구된다.

다누리의 지상 이동 속도는 초속 1.6킬로미터. 1초의 시간 오차가 생기면 관측 위치가 1.6킬로미터나 차이 난다. 폴캠의 해상도가 40미터인 점을 고려하면, 0.025초의 오차만 생겨도 1픽셀의 차이가 발생한다. 1픽셀의 차이만 해도 여러 궤도의 데이터를 모자이크할 때 영상이 어긋날 수 있다. 이런 이유로 탐사선의 모든 정보는 시간을 기준으로 정의된다. 또한 정밀한 시간 기록이 중요한 만큼 우주탐사선은 상대론적 시간 차이를 꼭 고려해야 한다. 아인슈타인의 상대성이론에 따르면 중력의 세기에 따라 시간의 흐름도 달라진다. 지구와 달은 서로 다른 중력을 가지므로 시간이 다르게 흐르며, 그 차이는 하루에 약 56마이크로초㎲(100만분의 56초)다. 아주 작은 차이지만 매 순간 누적되어 시간이 지날수록 차이가 커진다. 1년이 지나면 그 차이는 약 0.02초가 된다. 폴캠 기준으로 보면 한 번 촬영할 시간 정도의 차이로 유의미한 오차가 생기기 때문에 상대론적 시간 차이를 반드시 보정해야 한다.

폴캠에는 정확한 관측 시간을 기록하기 위한 정밀 시계가 있다. 폴캠이 달 궤도에서 한 번 관측을 수행하면 약 5만 1,000번의 촬영이 이루어지며, 모든 촬영 자료에 해당 시간이 기록된다. 결과적으로 5만 1,000개의 시간 기록이 남는 셈이다. 그러나 시간 기록 과정에서 과학자와 공학자 사이의 의사소통 오류로 인해 폴캠 시계에 오차가 발생했다. 폴캠이 완성되고 다누리에 설치하기 직전에 발견되었지만, 수정할 시간이 부족해 그대로 달 궤도로 보내야 했다. 팀에서 심도 깊게 논의했음에도 제때 해결할 수 없었다.

문제는 폴캠 자료에 기록되는 시간의 기준을 무엇으로 할지에 관해 서로 다르게 받아들이면서 발생했다. 폴캠의 개발 요구 사항에는 다음과 같은 문구가 있었다. "폴캠은 모든 촬영된 영상에 촬영 시간을 기록해야 한다." 여기서 과학자가 생각한 촬영 시간은 카메라의 셔터를 누르는 순간을 의미했다. 촬영 시간은 위성의 위치와 자세를 기준으로 자료 처리를 수행하기 때문이다. 그러나 전자부 엔지니어는 셔터를 누른 후 영상 정보가 압축 완료된 시점을 촬영 시간이라고 판단했다.

처음에는 이런 혼동이 생길 수 있다는 사실을 믿기 어려웠다. 과학자들에게 촬영 시간은 너무나 익숙한 개념이다. 우주탐사용 카메라는 물론이고 지상망원경에 장착된 모든 카메라의 촬영 시간은 셔터를 누르는 순간으로 기록한다. 촬영 시간이라는 개념에 혼동의 여지가 없다고 생각했다. 나는 엔지니어에게 달려가 어떻게 이런 기본적인 사항을 잘못 처리할 수 있는지 강하게 문제 삼았다. 나로서는 마치 횡단보도를 파란불에 건너는 것만큼 당연한 일이다.

폴캠의 영상은 셔터 작동-영상 획득-영상 압축-영상 저장, 네 단계를 거쳐 다누리 메모리에 저장된다. 과학자에게 촬영 시간이란 당연히 첫 번째 단계인 셔터 작동이다. 그런데 공학자는 이 네 단계 모두를 촬영 시간으로 정의할 여지가 있었다. 과학자가 명확히 셔터 작동 시간을 기록해달라고 요구하지 않았고, 이 네 단계 사이의 시간 차이가 수밀리초 정도로 매우 작아서 공학자는 이를 중요하지 않다고 판단했다. 그래서 우리 팀의 공학자들은 영상 압축 완료 시점을 촬영 시간으로 정의했던 것이다. 이는 명백한 의사소통 문제였다.

결과적으로 폴캠 자료에는 영상 압축이 완료된 시간이 기록되었다. 이 네 단계 가운데 어디를 기준으로 하든 각 단계 사이의 시간 차이가 일정하다면 큰 문제가 되지 않을 것이다. 더하거나 빼는 방식으로 보정하면 된다. 문제는 영상 압축에 걸리는 시간이 일정하지 않다는 점이다. 폴캠에서 사용한 영상 압축 알고리즘은 영상의 밝기 차이와 그 분포에 따라 압축률과 속도가 달라진다. 달의 바다처럼 크레이터가 적고 밝기가 평탄한 지대에서는 압축 효율이 높고 빨리 끝난다. 반면 달의 고원처럼 그림자가 많고, 밝고 어두운 부분이 반복적으로 나타나는 복잡한 지대에서는 압축 효율이 낮고 오래 걸린다. 결국 폴캠의 촬영 시간은 관측한 지대에 따라 시간 간격이 제각각이 된다. 이 차이는 대체로 0.005초 정도로 대단히 작지만, 관측 시간의 간격이 일정하지 않으면 자료 처리 과정에 큰 부담을 준다. 앞서 언급한 것처럼 시간의 오차는 곧 위치의 오차로 이어지기 때문이다. 발사 후 이 시간 차이를 보정하는 알고리즘을 개발해 문제를 해결했지만, 만약 보정할 수 없는 문제였다면 어땠을까? 생각만으로도 아찔해진다.

　이처럼 폴캠 개발 과정에서는 당연하지만 당연하지 않은 문제들이 적지 않았다. 개발 초기에는 이해하기 어려운 단순한 문제들이 터져나올 때마다 '이런 것 하나하나까지 설명하면서 일을 해야 하나?'라는 생각이 들 정도로 공학자들을 이해할 수 없는 순간도 있었다. 그러나 함께 일하는 시간이 쌓이면서 서로의 근본적인 차이를 이해하게 되었다. 전자, 기계, 광학, 소프트웨어 등 다양한 분야의 연구자들과 소통하며 협업하는 과정에서 많은 것을 배웠다. 이런 협업은 다양한 천문학 분야 중에서도 우주탐사가 가지는 특별한 매력이 아닐까?

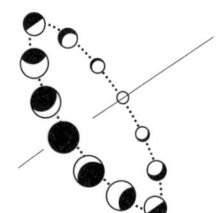

초심을 잃은 나

　학교에서 지도교수의 위상은 신을 초월한다. 그야말로 우주적 존재다. 마블 영화 속 타노스가 우주 생명체의 절반을 사라지게 한 것처럼 내가 작성한 논문 초안의 절반을 삭제시킬 수 있다. 나를 순식간에 무임금 노동자로 만들 수 있으며, 전 우주에서 유일하게 대학원생을 박사로 탈바꿈시키는 기적을 행할 수도 있다. 무엇보다 견제할 만한 사람이나 세력이 존재하지 않는다. 그런 지도교수와 호형호제하는 사람들이 모인 곳이 연구원이다. 어디를 봐도 박사에 지도교수와 동기 동창이거나 동급인 사람이 대부분이다. 연구원에서는 '박사님'이라는 호칭이 '고객님'처럼 하루 종일 쓰이다 보니 아무 이름 뒤에 붙는 접미사처럼 느껴지기도 한다. 아예 입에 붙어버렸다. 한 번은 집 앞 마트에서 물건을 찾다가 지나가는 직원에게 박사님이라고 부른 적도 있다.

　연구원에 처음 오면 우주적 존재인 지도교수를 친구처럼 대하거나 심지어 하대하는 사람도 만날 수 있다. 주로 교수님의 학교 선배들이다. 도저히 상상할 수 없는 상황에 안절부절못하며 불안감이 치솟는다. 지도교수가 300명 있는 곳에 홀로 떨어진 대학원생의 기분은 겪어보지 않으면 모른다. 폴캠 개발을 위해 학생 연구원

신분으로 천문연에서 일하기 시작했을 때는 이곳에 있는 모든 사람이 지도교수처럼 보였다. 행동도 말도 엄청 조심스러웠다. 물론 천문연의 박사님들은 나를 한 사람의 전문가로서, 또 동료로서 편하게 대해주었다. 나라는 사람의 직급보다 내가 맡은 역할을 존중하는 느낌이었다. 그들에게는 팀에서 내가 맡은 역할이 있고, 그 역할 역시 중요했기에 중요한 역할을 하는 사람인 것이다.

처음에는 일개 대학원생인 나를 이렇게 중요한 사람으로 인정하고, 내 의견을 경청해주는데도 말과 행동이 항상 조심스러웠다. 지도교수에게 둘러싸인 대학원생이었으니 말이다. 그런데 시간이 지나면서 차츰 적응되기 시작했다. 아무래도 나는 한국에 달 박사가 한 명도 없던 시기에 달 과학을 기초부터 시작한 달 과학자였던 터라 달에 관한 지식은 천문연의 어떤 박사님들보다 폭넓고 깊었다. 내가 뛰어나서가 아니라 아무도 이 분야를 연구하지 않았기 때문이다. 자연스럽게 과학과 관련된 부분을 내가 전담하면서부터 전문적인 의견이 필요하면 천문연의 박사님들에게 알려주는 경우가 많았다.

천문연에서 일하는 공학자들은 특징이 있다. 다른 곳의 공학자보다 과학에 관심이 많다는 것이다. 천문연이 공학자에게는 그다지 매력적인 연구원이 아님에도 천문연에서 일하는 공학자는 기본적으로 과학을 좋아한다. 그래서 공학자들은 회의 시간에 과학자에게 다양한 질문을 한다. 아주 기초적인 질문부터 답을 내기 어려운 심도 깊은 과학적 질문이 계속 이어진다.

우리 팀의 공학자들도 달 과학에 관한 질문을 많이 했다. 탐사 기기를 개발하기 위한 배경지식도 묻지만, 순수한 호기심에서 비롯된 질문도 많았다.

천체에 다가가 측정하는 우주탐사 탑재체는 그 천체의 환경에서 작동해야 하므로 달 탐사 탑재체를 만들려면 달의 환경을 깊게 이해하고 있어야 한다. 그래서 공학자들은 달의 환경을 묻는 질문을 많이 할 수밖에 없었다. 그 질문에 답하는 사람은 항상 나였다. 이런 상황이 오랫동안 지속되다 보니 어느 순간 내가 가르치는 듯한 형태로 질문에 답하기 시작했다. "이건 아주 기초적인 내용인데……." "아니, 중력의 방향이 변한다고요?" "그렇게 하면 안 됩니다." 같은 말들을 써댔다.

어느 날 회의를 하던 중 문득 '내가 뭐 하는 거지?'라는 생각이 들었다. 최근 내가 해왔던 행동들이 떠올랐다. 예의 없는 행동이었다. 나보다 10년 이상 선배들이자 15년 이상 탑재체를 만들어온 사람들 앞에서 한 줌의 지식을 앞세워 잘난 체하는 꼴이었다. 그분들이 보기에 내가 얼마나 가소로웠겠는가. '번데기 앞에서 주름잡는다'는 표현이 딱 맞았다. 불현듯 나를 되돌아보는 순간 무언가 잘못되었다고 느꼈다. 처음 천문연에 왔을 때만 해도 나보다 훨씬 경험이 많은 연구원들 앞에서 조심스럽게 행동했다. 그러나 시간이 지날수록 내가 가진 전문지식에 대한 자부심이 커지면서 어느 순간

가르치는 사람처럼 행동하고 있었다.

    선배들이 나에게 질문을 던질 때마다 나는 당연하다는 듯 답했다. 때로는 그 답변 속에 무의식적 우월감을 드러내기도 했다. 내가 가지고 있던 달 과학 지식이 실제로 중요했지만, 지식을 전하는 태도는 오만함으로 변질되어 선배들이 보여준 배려와 존중을 당연하게 받아들이고 있었다. 선배들은 단지 내가 가진 지식에 대해 궁금해하거나 더 나은 결과를 도출하기 위해 의견을 나누고자 했을 뿐이다. 내 태도가 얼마나 경솔하고 부끄러운 행동이었는지 깊이 반성하게 되었다. 나보다 훨씬 오랜 시간 연구에 몸담아온 선배들은 나에게 많은 것을 가르쳐줄 수 있는 귀중한 존재였다. 내가 그들과 함께 일할 수 있다는 사실 자체가 큰 행운이라는 것을 새삼 깨달았다.

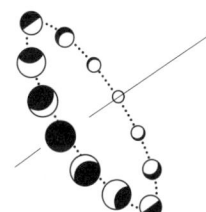

달 과학자는 순수하지 않은 과학자일까

    천문연에서는 종종 티타임을 가진다. 휴게실에 모여 각자 마실 커피나 차를 가지고 와 다른 분야의 연구자들과 소통하는 시간이다. 천문연의 동향이나 국제적인 연구 흐름 등에 대한 정보를 나누기도 하고, 천문연 내에 떠도는 헛소문 같은 일상적인 대화도 이어진다. 이날도 특별할 것 없는 날이었다. 다양한 주제의 이야기가 오갔고, 자연스럽게 당시 언론에 크게 보도된 한국의 달 탐사선 계획에 대한 이야기로 흘러갔다. 천문연에 처음 생긴 달 과학자와 한국 최초의 달 탐사 계획이었으니 관심은 자연스러운 일이었다. 그동안 내가 해온 연구들과 지금 진행 중인 일, 주로 달 탐사선 프로젝트에 관련된 이야기를 설명했다. 다들 흥미롭게 이야기를 나누다가 들은 한 연구자의 말이 한동안 내 머릿속에서 떠나질 않았다.

"순수과학을 하는 연구자로서 흥미롭네요. 정부는 순수과학에는 관심 없고 우주탐사에만 관심이 많은 것 같아 부러워요. 순수과학은 경제성이 없어서 항상 뒷전이잖아요."

그의 말에는 순수과학이 반복 강조되었다. 달 과학은 순수하지 않다는 뜻인가? 그렇다면 불순한 과학인가? 순수과학이란 무엇일까? 그 말의 뉘앙스와 발언의 흐름으로 의미를 유추해보면 달 과학은 기술과 접목된 응용과학으로 순수하게 지적 호기심을 위한 연구 분야가 아니라는 뜻으로 들렸다. 마치 순수한 학문을 탐구하는 천문학자들과 달 과학자인 나를 분리하려는 듯한 느낌이었다.

내가 예민하게 받아들였을 수도 있다. 그들 입장에서 나는 갑자기 나타나 정부에서 밀어주는 사업을 하고 있는 셈이니 경계의 눈빛을 보내는 것도 어쩌면 당연할 것이다. 그렇다고 다른 사람의 연구 분야를 자신의 기준으로 재단하는 것이 과연 옳을까? 더욱이 순수라는 단어는 적절하지 않다. 순수의 반대는 불순인데, 과학을 수식하는 단어로 어울리지 않는다. 순수라는 단어를 단순히 '초기 형태에서 변하지 않는'으로 해석해도 맞지 않다. 현대 천문학은 달 과학을 비롯한 행성과학에서 출발했기 때문이다.

현대 천문학은 천체를 관측하고, 자료를 수집하며, 이를 수치적으로 분석하여 천체와 우주에 관한 지식을 쌓는 학문이다. 최근 중력파 관측 같은 다양한 방법이 발명되었지만, 여전히 망원경을 이용한 관측이 절대적 비중을 차지한다. 망원경은 1608년 네덜란드의 안경 기술자 한스 리퍼세이Hans Lippershey가 발명했다. 그는 렌즈를 정리하던 중 볼록렌즈와 오목렌즈를 함께 사용하면 멀리 있는 물체를 가까이 볼 수 있다는 사실을 발견한 뒤 기초적인 굴절망원경을 만들었다. 망원경을 천체 관측에 처음 사용한 사람은 갈릴레오 갈릴레이Galileo Galilei다. 1609년 갈릴레이는 자신이 제작한 굴절망원경으로 목성의 갈릴레이 위성 네 개를 발견했다. 우주가 지구를 중심으로 돌아간다는 천동설을 뒤집는 혁명적인 발견이었다. 그는 은하수가 수많은 별로 이루어졌다는 사실도 처음 확인했다.

망원경이 발명된 초기에는 관측 기술의 한계로 주로 달과 목성 같은 행성을 연구했다. 당연히 초기 천문학 연구는 행성과학에 국한되었다. 이후 망원경의 크기와 정밀도가 발전하면서 인류의 관측 범위는 점점 먼 우주로 확장되었다. 현대 천문학은 이렇게 행성과학에서 출발해 발전한 학문이라고 할 수도 있다. 그런데 달 과학이 마치 이단처럼 여겨진다니. 그들은 달 과학자를 경제적인 사업을 추구하는 세속적 연구자로 보는 한편 자신들만이 '진정한 과학'을 한다고 생각하는 것 같았다. 달 과학자도 인류의 지적 호기심을 채우기 위해 노력하는 과학자다. 달 탐사는 단지 달이 현재 인류의 기술로 가장 빨리 닿을 수 있는 대상이라서 이뤄지는 것이다. 달에 간다는 행위 자체는 지극히 과학적인 동기에서 비롯된다. 아무도 달에 가라고 강요하지 않았고, 달에 가서 당장의 경제적 이득이 생기는 것도 아니다. 우리는 달에 갈 기술이 있으니 직접 가서 미지의 세계를 탐험하는 것뿐이다.

달에서 하는 일도 지상에서 천문학자가 하는 일과 다르지 않다. 자료를 수집하고 분석하여 가설을 정립하고 증명한다. 그들이 말하는 순수과학과 다를 바 없다. 다만 인류가 우주로 갈 수 있게 되면서 달 과학을 비롯한 행성과학은 천문학에서 구분되기 시작했다. 태양계를 넘어선 항성에는 도달할 수 없지만, 태양계 내의 천체에는 탐사선을 보낼 수 있다. 이것이 불순한가?

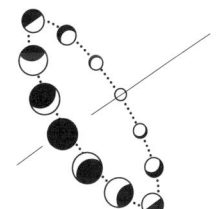

원궤도를 사수하라

마른하늘에 날벼락이었다. 아무런 예고 없이 탐사선 개발팀에서 날아온 이메일 한 통에는 다누리의 임무 궤도를 타원궤도로 바꿀 경우 폴캠에 생기는 문제를 분석해 알려달라는 내용이 적혀 있었다.

타원궤도라고? 다누리는 달 표면으로부터 고도 100킬로미터를 유지하는 원궤도를 도는 인공위성이다. 이메일에 적힌 타원궤도는 달 표면에서 거리가 가까울 때는 100킬로미터, 멀 때는 300킬로미터까지 지속적으로 변하는 궤도다. 처음에는 말도 안 된다고 생각했다. 탐사선의 궤도를 바꾸는 일은 임무를 바꾸는 일이며, 원궤도와 타원궤도는 하늘과 땅 차이였다.

임무의 고도가 100킬로미터 원궤도에서 300킬로미터 원궤도로 바뀌더라도, 100킬로미터 고도를 임무 고도로 설정한 탐사선의 카메라는 엄청 비효율적으로 바뀐다. 이미지의 시야가 세 배 넓어지므로 궤도와 궤도 사이에 촬영한 영상의 3분의 2가 중복 이미지가 된다. 전체 데이터의 66퍼센트 정도가 쓸모없는 자료가 된다는 뜻이다. 더욱이 관측한 영상의 해상도가 세 배나 나빠져서 원래 임무 목표로 설정한 해상도로 지도를 작성할 수 없게 된다.

탐사선의 궤도가 타원궤도라면 더욱 복잡해진다. 타원궤도는 탐사선이 달을 돌 때 달 표면과의 거리가 변하는데, 변화의 폭이 100킬로미터에서 300킬로미터로 무려 세 배다. 어떤 영상은 해상도가 100미터인데, 어떤 영상은 300미터가 돼 관측한 영상을 분석하기가 굉장히 복잡하다. 이렇게 되면 지도를 그릴 때 나쁜 해상도를 기준으로 만들어야 한다. 해상도가 300미터인 사진으로 해상도 100미터를 만들 수는 없다. 결국 우리가 얻게 되는 달 지도는 해상도가 300미터다. 그러나 300미터 해상도의 지도를 얻으려고 해도 100미터 해상도의 지도를 만들 때와 같이 운영해야 해서 관측 자료의 양이 동급에 비해 아홉 배나 늘어난다. 즉 쓸모없는 자료를 만들어야 하므로 비효율적이다.

비효율적인 문제는 관측 시간에서도 나타난다. 전체 궤도의 고도가 100킬로미터에서 300킬로미터로 변하면 100킬로미터에 아주 근접한 시점에서만 원래 계획대로 임무를 수행할 수 있다. 따라서 임무 시간의 90퍼센트는 목표를 달성할 수 없다. 효율이 10퍼센트도 안 되는 셈이다.

나는 당장 연구 책임자이자 보스였던 최영준 박사님께 달려가 절대 안 된다고 항변했다. 흥분한 상태로 타원궤도일 때 임무가 얼마나 비효율적인지 힘주어 말했다. 침착하게 내 이야기를 듣던 최영준 박사님은 이렇게 말했다.

"그러니까 한판 싸워야 한다는 거지?"

말이 어떻게 그렇게 되는지는 모르겠지만, 어쨌든 절대 불가 입장을 밝히겠다는 뜻이었다. 우리는 탐사선 개발팀이 완강하게 버티며 어쩔 수 없으니 그대로 진행하라고 주장할 것이라 예상하고 결사항전, 임전무퇴의 각오로 달 탐사 단장을 찾아갔다. 그런데 단장의 반응은 우리 예상과 사뭇 달랐다. 탐사선 개발팀 역시 상당히 난감해하고 있었다. 천문연, 한국지질자원연구원, 경희대학교 등 과학탑재체 개발기관들이 반발하고 나섰으며, 이 사항이 언론에 노출되기라도 하면 달 탐사 사업 전반에 압박이 가해질 것이 뻔했다. 무엇보다 당시 달 탐사선의 발사 일정을 계속 연기하고 있었기 때문에 정부의 시선이 좋지 않았다. 달 탐사 사업은 이미 문제 사업으로 찍힌 상태였다. 한 번 문제 사업으로 찍히면 정부 부처의 개입이 많아져 일이 상당히 복잡해진다. 매달 예산 사용 계획서를 제출하거나 정기적으로 업무 보고를 해야 한다. 정부에서 관리하기 시작하면 보고서 작성 같은 소모적인 일이 늘어나는 것이다. 가뜩이나 바쁜 일정 속에서 문제 사업으로 찍히는 것을 피해야 할 중요한 이유였다.

탐사선 개발팀은 압박에 시달리고 있었다. 그런데 왜 갑자기 이런 소동이 벌어진 것일까? 타원궤도 변경 사건은 사실 다누리 개발 초기부터 제기되던 문제였다. 탐사선 개발만 하고 해외의 발사체를 사용하는 다누리 사업은 총 3단계로 이루어진 한국형 달 탐사 프로젝트의 1단계 사업이다. 2단계에서 우리 발사체를 이용해 달 궤도 탐사선을 발사하고, 3단계에서는 달 착륙선을 발사하기로 계획했다.

정부는 달 궤도 탐사선을 우리 발사체에 실어 보내는 2단계 사업을 중요하게 여겼다. 발사체부터 탐사선과 과학탑재체까지 모두 자력으로 개발한 달 탐사선이라니, 얼마나 멋진가. 50년 전 선진국이 달에 사람을 보내며 환호할 때 우리는 전쟁의 화마를 완전히 떨치지 못하고 초가집에 사는 세계 최빈국이었다. 그런데 이제 자력으로 달 탐사선을 보내는 나라가 되다니, 가슴이 벅차오르는 스토리다. 정부는 이런 그림을 바랐을 것이다. 그렇지만 이런 보기 좋은 스토리를 먼저 만들어두고 그 스토리에 일을 끼워 맞추면 문제가 생기기 마련이다.

정부는 1단계 다누리 사업에서 탐사선만 만들어 달에서 임무를 할 수 있다는 것을 검증하고, 이 사업이 진행되는 동안 달까지 탐사선을 보낼 발사체를 개발하고자 했다. 일단 해외 발사체를 이용해 '대한민국 달 탐사 성공!'이라는 도장을 찍고, 이제 막 개발된 우리 발사체에 다누리의 쌍둥이 탐사선을 실어 달 탐사를 성공시키겠다는 게 목표였다. 달 탐사도 실패하고 발사체도 실패하는 위험을 피하기 위한 전략이었다. 결국 정부의 진짜 목표는 우리 발사체와 우리 탐사선의 조합이었고, 다누리는 그 준비 과정의 일부였다.

이때 사용하려 했던 발사체가 바로 누리호다. 누리호는 다누리가 발사된 2022년 8월 5일보다 조금 앞선 2022년 6월 21일, 두 번째 시도 끝에 처음 성공했다. 그래서 다누리는 누리호에 실어 달에 보낼 수 있는 사양으로 만들어야 했다. 좋은 계획처럼 보였다. 우리나라의 독자적인 우주탐사 능력을 전략적으로 개발하는 효율적인 방법이었다. 문제는 누리호가 지구궤도를 벗어나기 위해 설계한 발사체가 아니라는 것이다. 누리호는 지구 저궤도(500~800킬로미터)에 1.5톤급 위성을 투입하는 것을 목적으로 개발됐다. 달까지 탐사선을 보내기 위해 개발된 발사체가 아니므로 달에 충분한 크기의 탐사선을 보내기에는 추진력이 부족했다. 따라서 다누리는 개발 초기부터 누리호가 달까지 보낼 수 있는 최대 무게인 550킬로그램에 맞춰야 한다는 제약이 있었다. 550킬로그램은 달 탐사선으로는 아주 가벼운 탐사선이다. 미국의 LRO^{Lunar Reconnaissance Orbiter}는 1,916킬로그램, 일본의 셀레네는 2,984킬로그램, 인도의 찬드라얀 1호는 1,380킬로그램으로 다누리보다 두세 배 무겁다. 최적화된 설계로 결정된 무게가 아니라 발사체의 능력에 맞춘 무게다. 우주탐사선은 무게만큼 비싼 발사 비용이 들기 때문에 가능한 가볍게 만드는 것이 미덕이다. 그러나 설계를 바탕으로 절감하는 것과 초기 설계 없이 한계를 정해놓는 것은 전혀 다르다. 우리 가족은 이미 네 명인데, 3인승 차량을 사놓고 가족계획을 하라는 격이었다. 어떻게 해도 3인승 차량에는 다 탈 수 없다.

　더욱 큰 문제는 연구자들이 이런 상황을 알고 있었음에도 달 탐사의 기회를 놓치고 싶지 않아 문제를 외면했다는 것이다. 어떻게든 사업을 시작하기 위해서였다. 다누리의 예비타당성조사 보고서에도 550킬로그램으로 정해놓고 있었다. 그러나 탐사선의 무게는 탐사선의 역량과 직결된다. 550킬로그램 안에서 다누리의 성능을 구현하기에는 턱없이 부족했다. 다누리의 시스템 설계 검토 회의에서는 무게가 약 700킬로그램에 육박한다고 추산했다. 700킬로그램도 획기적으로 가벼운 무게였다.

    무게 제한 때문에 다누리는 연료에 충분한 무게를 배분하지 못했다. 이로 인해 추진 능력에 제한이 생겼다. 상세하게 설계를 검토한 결과 다누리는 달에서 사용할 연료가 터무니없이 부족하다는 점이 드러났다. 우주에서는 공기저항이 없어 한 번 운동하기 시작한 물체는 영원히 같은 방향으로 운동한다고 알려져 있다. 그런데 탐사선은 사정이 다르다. 달 궤도를 도는 탐사선은 연료를 지속적으로 사용해야 한다. 달이 완벽한 공 모양이 아니라 찌그러진 럭비공처럼 생겼기 때문에 달 궤도를 도는 탐사선은 달에서 받는 중력이 일정하지 않고 지역에 따라 조금씩 달라진다. 어떤 지역은 중력이 강해 탐사선이 아래로 끌려 내려가고, 어떤 곳은 중력이 약해 더 먼 궤도로 밀려난다.

    탐사선의 실제 궤도를 측정해 그림으로 그리면 마치 파도를 타듯이 움직인다. 이 파도 현상은 시간이 지날수록 심해져 달 표면으로부터 고도 100킬로미터 원궤도를 돌던 다누리는 두 달 정도가 지나면 70~130킬로미터의 고도를 가진 타원궤도로 변한다. 탐사선의 과학탑재체들은 임무 종료까지 일정한 거리를 유지하는 것이 가장 효과적이므로 두 달에 한 번씩 100킬로미터 원궤도로 조정해야 한다. 이를 궤도 조정 임무OMM, Orbit Maneuvering Mission라고 한다. 궤도 조정 임무에는 연료가 소모된다. 달에는 주유소가 없으니 탐사선이 지구에서 출발할 때부터 필요한 연료를 모두 실어서 간다. 당시 분석에 따르면 달에 도착한 다누리는 이미 연료가 부족한 상태였다. 연료가 없으면 어떻게 될까? 앞서 말한 것처럼 자연스럽게 타원궤도가 된다. 이런 타원궤도는 아주 오랫동안 유지되어 최소한의 궤도 조정만으로 1년 이상 운용할 수는 있다.

    탐사선 개발팀은 울며 겨자 먹기로 과학탑재체 개발팀에 타원궤도 임무를 고려해달라고 요청했다. 하지만 위성의 궤도는 탐사 임무의 목적에 따라 결정된다. 다시 말해 궤도가 달라지면 수행 가능한 임무도 달라지고, 다누리가 타원궤도로 바뀌면 모든 과학탑재체가 임무 목표를 달성할 수 없다는 말이다. 실제로 다누리의 모든 탑재체에 대해 타원궤도의 영향을 분석한 결과 임무가 실패할 것이라는 결론이 나왔다. 탐사선 개발팀은 다시 원궤도를 유지할 방법을 찾아야 했다. 결국 이 문제는 뒤에서 설명할 달 전이궤도를 바꾸면서 연료를 보존하게 돼, 원래대로 100킬로미터 고도의 원궤도를 유지하게 되었다.

6장
다누리를 발사하는 날까지

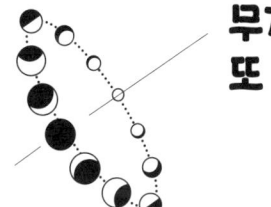

무게 또 무게

타원궤도 사건 후 얼마 지나지 않은 시점이었다. 이번에는 탐사선 궤도팀에서 날아온 이메일을 읽고 폴캠이 달에 갈 수 없을 수도 있겠다는 생각을 했다. 5년여 동안 다누리호 발사만을 생각하며 살아왔다 해도 과언이 아니었다. 그사이 나는 졸업해 박사가 된 동시에 천문연에 박사후연구원으로 직위를 바꿔 입사했으며, 집에 월급을 가져다주는 직장인이 되었다. 그동안 다누리 사업은 연장을 거듭해 초기 발사 계획이었던 2018년에서 늦춰지기만 했다. 우주탐사 사업은 자주 지연된다. 미국에서도 우주탐사 임무가 지연되는 일이 다반사다. 2021년 발사된 제임스 웹 우주망원경은 원래 2007년 발사가 목표였다. 무려 14년이나 지연됐다. 미국도 이런데 다누리 사업이 미뤄지는 건 어찌 보면 당연하다. 그럼에도 내부 사정을 속속들이 알고 있는 입장에서 이슈들이 하나하나 나올 때마다 피로가 누적되어 지쳐갔다. 무엇보다 개발 마지막 단계에서 속속 나타난 무게 이슈는 해결 방안이 보이지 않아서 피로가 훨씬 컸다.

이때 온 이메일도 결국 다누리의 무게 때문이었다. 이메일을 차근차근 다 읽은 뒤 우리나라가 달 탐사선을 보내는 시기가 너무

일렀던 게 아닌가 하는 생각이 들었다. 당시 탐사선 궤도팀은 달에 못 간다는 의견이 지배적이었다. 이메일에는 다누리의 달 전이궤도를 탄도형 달 전이궤도ballistic lunar transfer로 바꾸었을 때 과학탑재체가 받는 영향을 평가해달라는 내용이 적혀 있었다. 달 전이궤도는 쉽게 말해 지구에서 달에 가는 방법이다. 우주에서 천체와 천체 사이를 이동하는 방법이 똑바로 날아가는 것 말고 무엇이 있나 싶겠지만, 중력적으로 얽히고 서로 다른 속도로 태양계에서 움직이고 있어 꽤나 복잡한 방법으로 이동해야 한다. 서로 다른 놀이기구를 타고 있는 사람들이 공을 주고받는 것과 같다. 상대와 나의 속도를 정확히 계산해 어느 시점에 어떤 각도로 던져야 가장 정확하고 효율적일지 생각해야 한다.

달에 가는 방법은 많다. 1960년대 아폴로 시대부터 2020년대까지 50여 년간 140여 대의 인공 물체가 달을 방문했다. 전부 달 탐사선은 아니고 더 먼 우주로 나가기 위해 달을 스쳐 지나간 물체까지 포함한 수다. 달을 넘어 심우주로 나간 탐사도 생각보다 많다. 덕분에 달까지 가는 방법이 거의 다 알려져 있으며, 상당히 많은 실험이 진행됐다.

다누리는 그 가운데 위상 전이궤도phasing loop transfer를 쓰기로 했다. 위상 전이궤도는 탐사선이 지구를 돌며 조금씩 큰 궤도로 바꾸면서 달에 접근하는 방법이다. 궤도 조정에 실수가 있더라도 만회할 수 있는 기회가 많고, 상대적으로 연료도 적게 사용하므로 많이 쓰이는 방법이다. 지구에서 탐사선을 발사하면 자연스럽게 타원 궤도가 되며, 이 탐사선의 궤도 속도를 빠르게 하면 지구와 멀어지는 방향으로 궤도가 바뀌게 된다. 달 위상 전이궤도는 탐사선이 지구를 궤도운동 하는 과정에서 점차 속도를 높여가며 달에 접근하여 달 궤도에 안착하는 방식이다.

주로 3.5 위상 전이궤도, 즉 지구를 3.5바퀴 돌고 달에 안착하는 방식을 많이 쓴다. 일반적으로는 타원궤도에서 근지점인 지구와 가장 가까운 위치일 때 속도를 높인다. 이 부분에서 속도를 조절하는 이유는 속도 증가분에 대한 궤도 변화를 계산해 예측하기 쉽기 때문이다. 3.5 위상 전이궤도는 최소 세 번 이상의 궤도를 조정할 기회가 있으니 첫 번째 궤도 수정에서 오차가 있다면 그만큼 두 번째, 세 번째에 수정해줄 수 있어 안정적이다. 그래서 1990년대에서 2000년대 초반의 작은 탐사선들이 이 방법을 많이 사용했다. 달 탐사를 처음 시도하는 우리나라로서는 위상 전이궤도가 안정적이면서도 효율적이고, 아주 이상적인 방법이었다.

이에 비해 탐사선 궤도팀이 보내온 이메일에서 제시한 탄도형 달 전이궤도는 극단적으로 연료 효율을 높인 방법이다. 달에 가는 방법 가운데 연료 효율이 가장 좋다고 알려져 있다. NASA 제트추진연구소의 에드워드 벨브루노Edward Belbruno 박사가 제시한 뒤로 일본의 첫 번째 달 탐사선 히텐Hiten에서 처음 사용되었다.

탄도형 달 전이궤도는 이름에서 그 특징을 알 수 있다. 탄도형

	직접 전이궤도	탄도형 달 전이궤도	위상 전이궤도
정의	고속으로 직접 달에 진입하는 방법	지구·달·태양 중력의 상호작용을 활용해 느리게 달에 도달하는 방법	지구궤도에서 여러 바퀴를 돌며 달과의 도달 타이밍을 조정
달까지 가는 시간	약 3~5일	~4개월	~3주
총거리	약 40만km	320만km 이상	150만km 이상
연료 효율성	낮음	매우 높음	높음
복잡성	낮음 (단순한 궤도 설계)	높음 (태양·달·지구 중력 고려)	높음 (정밀 궤도 제어 필요)
실제 사용 예	아폴로(미국), 루나(러시아), 창어(중국)	다누리(대한민국) 그레일(미국) 히텐(일본)	찬드라얀(인도) 스마트-1(유럽우주국) 셀레네(일본)

◎ 달 전이궤도의 종류와 특징

은 물체가 움직일 때 처음에만 힘을 가하고, 그 뒤로는 중력의 영향만 받아서 움직이는 운동 형태다. 지구상에서는 포물선운동이 이에 해당한다. 쉽게 말해 공을 던졌을 때 움직이는 모습이 탄도형이다. 탄도형 달 전이궤도는 탐사선을 지구에서부터 태양의 중력 방향으로 발사하여 태양의 중력을 이용해 이동하도록 내버려두는 것이 특징이다. 탐사선은 태양의 중력 방향으로 진행하다가 태양과 지구의 중력이 서로 상쇄되는 지점인 라그랑주점(L1)에서 달 방향으로 선회하는 기동을 해 달 궤도로 접근한다. 처음에 태양 방향으로 발사됐다가 지구에서 156만 킬로미터나 떨어져 있는 라그랑주점을 거쳐 달로 되돌아오기 때문에 시간적으로 상당히 비효율적이다. 지구에서 달까지의 거리가 38만 킬로미터다. 네 배 넘는 거리까지 멀어졌다가 다시 되돌아와야 하니 사실상 여덟 배가 넘는 거리를 이동해야 달에 도착할 수 있다. 그나마 단순히 직선거리로만 따진 것이고, 지구와 달은 태양을 중심으로 궤도운동을 하기 때문에 실제로는 더 먼 거리를 이동해야 한다. 다누리가 달까지 가는 데 이동하게 된 누적 거리는 730만 킬로미터다. 하지만 연료 효율은 압도적으로 좋다.

탐사선이 연료를 많이 쓰는 지점은 크게 두 부분이다. 첫 번째는 지구의 중력을 벗어날 때다. 우리가 우주공간으로 흩어지지 않게 만들어주는 고마운 지구 중력은 지구를 벗어날 때는 극복해야 할 가장 큰 난관이다. 아파트만 한 크기의 강력한 로켓을 이용해 지구의 중력을 극복해야 한다. 이 거대한 로켓의 무게 가운데 연료가 차지하는 비중이 90퍼센트에 달하니 지구 중력을 극복하기 위해 얼마나 많은 에너지가 필요한지 짐작할 수 있다.

두 번째는 달에 도착해 달 궤도로 진입할 때다. 탐사선이 우주공간을 날아 달 궤도에 안착하려면 앞서 지구의 중력을 극복하기 위해 사용한 거대한 에너지를 상쇄시켜야 한다. 탐사선은 지구의 중력을 벗어날 만큼 빠른 속도로 이동 중이므로 속도를 줄이지 않으면 지구보다 중력이 약한 달의 중력은 무시하고 지나쳐버린다.

아이러니하게도 지구를 벗어나기 위해 힘을 강하게 줄수록 달에 도착하기 위해 더 강력한 힘이 필요하다.

　탄도형 달 전이궤도는 이 두 지점 모두에서 에너지 효율적이다. 지구의 중력을 벗어날 때는 태양의 중력을 이용하기 때문에 상대적으로 적은 힘이 필요하며, 라그랑주점 근처로 가면서 자연스럽게 탐사선의 속도가 감속된다. 탐사선이 달에 도착할 때는 다른 궤도전이 방법으로 달에 도달한 탐사선보다 상대적으로 느린 속도로 달 궤도에 진입하게 되어 달에 도착해 속도를 줄일 때 필요한 연료도 적게 든다.

　하지만 세상일이 다 그렇듯이 얻는 게 있으면 잃는 게 있다. 탄도형 달 전이궤도는 달까지 가는 데 140일이나 걸린다. 직접 전이궤도나 위상 전이궤도가 3일에서 5일, 길어도 3주면 달에 도착한다는 점을 고려하면 시간 낭비다. 7년을 준비하고 원래 발사하려 했던 일정보다 4년이나 늦어졌는데, 140일이 뭐 대단한가 싶지만 그렇지 않다.

　우주공간은 방사선으로 가득 차 있다. 지구는 강력한 자기장이 우주방사선을 막아주어 지상에서 우주방사선을 두려워할 필요가 없지만, 우주공간으로 나간 탐사선은 혹독한 우주방사선을 막아줄 자기장 방패가 없어 지속적으로 피해를 입는다. 탐사선은 녹슬지도 않고 풍화도 없는 우주공간에서 영원한 에너지원인 태양전지를 사용함에도 어느덧 망가져버린다. 이런 이유로 탐사선은 임무 수명을 정하고 딱 그 기간 동안만 우주방사선을 견딜 수 있도록 만든다.

다누리의 임무 수명은 1년으로 우주공간에서의 기대 수명이 1년밖에 되지 않는다. 그 가운데 5개월 가까이 달로 이동하는 데 써버리면 실제 달에서 운용할 수 있는 기간은 7개월 남짓이다. 달에 도착해 바로 임무를 할 수 있는 것도 아니다. 달에 도착하면 탐사선과 과학탑재체의 상태 등을 정밀하게 진단하는 과정이 한 달 가량 걸린다. 이를 커미셔닝 페이즈 오퍼레이션commissioning phase operation이라고 하며, 우리말로 운영 준비 단계다. 그러니 탄도형 달 전이궤도로 달에 가면, 실제 달에서 임무를 수행하는 기간이 6개월 정도로 줄어서 처음 계획과 비교해 절반밖에 되지 않는다.

폴캠은 과학 임무를 완성하기 위한 최소 운영 시간이 9개월이었다. 9개월은 돼야 다양한 각도에서 달 표면을 촬영할 수 있다. 우리 팀은 임무 기간에 대한 우려를 담아 탐사선 운영팀에 의견을 보냈다. 처음에는 탐사선 개발팀에서 임무 기간을 늘릴 수 없다는 답변을 보내왔다. 다누리는 이미 모든 설계가 끝나고 제작 단계에 있었다. 임무 기한을 늘리려면 우주방사선에 더 강한 부품을 쓰거나 탐사선에 더 두꺼운 외피를 씌워 내부 부품을 보호해야 했지만, 시간상으로나 예산상으로나 불가능한 일이었다.

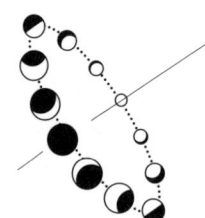

우주탐사 분야에서 NASA의 영향력

탄도형 달 전이궤도로 변경하자는 의견에 난감해한 것은 우리만이 아니었다. 오랜 시간 운영할수록 누적 데이터량이 많아져 관측의 정밀도가 좋아지는 자기장측정기팀과 감마선분광기팀 역시 운영 기간이 짧아지는 것에 우려를 표했다. 그럼에도 탐사선 개발팀은 공식적인 임무 기간 연장이 불가하다는 답변만 반복했다. 탐사선의 설계를 근거로 들었으나 여태까지 궤도에 안착한 탐사선들은 실제 임무 기간이 임무 수명보다 긴 경우가 많았다.

미국의 달 탐사선 루나 프로스펙터는 12개월 운영을 목표로 했지만 18개월간 운영했으며, 유럽의 스마트-1SMART-1은 6개월을 목표로 했지만 16개월이나 운영했다. 2009년 발사된 미국의 LRO는 12개월 임무를 목표로 했지만, 15년째 운영 중이다. 원래 목표한 기간보다 짧았던 탐사선도 있다. 대표적인 예가 인도의 달 탐사선 찬드라얀 1호인데, 2년 임무를 목표로 했지만 10개월간 운영한 뒤 통신 문제로 임무가 종료됐다. 그러나 임무를 실패한 원인 대부분은 발사에 있고, 이를 무사히 넘기면 대부분 목표로 했던 임무 기간보다 50퍼센트 이상 길게 운영했다.

다누리 역시 무사히 발사한다면 달 궤도에서 1년보다 더 오래 살아 있을 것이라 기대하고 있었다. 그러나 탐사선 개발팀이 이를 공식화하는 데에는 어려운 점이 있었다. 탐사선 개발에 들어간 모든 부품은 제조업체가 1년 이상 작동을 보증하거나 개발팀이 스스로 이를 증명해야 한다. 아무리 작은 볼트, 저항 하나라도 이 우주환경인증 과정 없이는 탐사선에 쓰일 수 없다. 다누리에 들어간 부품은 우주에서 1년간 작동한다고 보증하는 부품들이었다. 만약 탐사선 개발팀이 임무 기간을 늘린다면, 모든 부품에 대한 우주환경인증 시험을 다시 해야 한다.

앞서 말했듯이 우주환경인증 시험은 진공 체임버에서 작동 시험을 하고, 혹독한 온도 변화를 시험하며, 우주에서 임무 기간 동안 누적될 방사선을 실제로 탐사선에 쏘는 실험이다. 임무 기간이 1년이라면 1년 동안 노출되는 방사선량을 짧은 시간 동안 탐사선에 쏘기 때문에 이 시험에 사용된 탐사선은 시험이 끝나면 수명을 다한다. 그래서 발사할 탐사선과 똑같은 탐사선을 두세 개 만들어서 한두 개는 실험에 사용하고, 나머지 하나는 실제로 발사한다.

다누리는 이미 우주환경인증이 완료된 상태였고, 다시 실험용 모델을 만들 수는 없었기에 공식적으로 임무 기간을 늘릴 만한 이유가 없었다. 임무 기간을 그대로 고수하면 탑재체 개발팀이 반발했고, 임무 기간을 늘리자니 근거 없이 탐사선을 개발한다는 비판에 직면했다. 탐사선 개발팀은 공학적인 근거를 들어 원안을 고수

◎ NASA 탑재체로 다누리에 탑재된 섀도캠

섀도캠은 달에 태양 빛이 들지 않는 영구 음영 지역 관측이 목표다.
달의 영구 음영 지역은 물이 있을 것이라고 생각되는 지역으로
1.7미터 고해상도로 관측하여 물이 있는 지역을 탐색한다.

출처: 애리조나주립대학교 섀도캠팀

하며 탑재체 개발팀의 반발은 무시하고 있었다. 이때 무시할 수 없는 과학탑재체가 나섰다. NASA의 섀도캠ShadowCam이다.

섀도캠은 다누리에 실린 유일한 국제 협력 탑재체다. 애리조나 주립대학교에서 만들었고, NASA를 통해 다누리에 탑재하기로 확정되었다. 섀도캠 개발팀은 LRO의 협시야카메라와 광시야카메라를 개발한 팀이다. 이 팀이 개발한 LROLRO Camera는 달 궤도에서 달 표면 사진을 가장 많이 찍은 과학탑재체다. 15년 넘은 지금도

달 표면 자료를 전송하고 있다. 역사상 달 궤도에서 가장 오랫동안 작동하는 과학탑재체다. 이 팀의 책임자 마크 로빈슨Mark Robinson은 달 탐사 분야에서 큰 영향력을 끼치는 과학자다. 로빈슨은 다누리의 임무 수명을 보장해야 한다고 소리 높였다. 달의 극 지역에 존재할 것이라 생각되는 물을 찾는 것이 목표인 섀도캠은 그림자 지역을 관측해야 해서 신호가 약하다. 확실한 신호를 받기 위해 여러 번 반복 관측해야 하는 섀도캠은 임무 기간이 길수록 유리하다. NASA 또한 로빈슨의 의견에 동조하며 임무 기간을 당초 계획대로 1년으로 확정하라고 요구했다.

결국 모든 과학탑재체가 달 궤도에서 임무 기간을 보장해야 한다는 의견을 냈다. 탐사선 개발팀은 이를 받아들일 수밖에 없었다. 탐사선 개발팀의 내부 검토 내용은 알 수 없지만, NASA의 영향력 때문일 것이라 생각했다. 탐사선 개발팀은 NASA가 나서기 전까지는 임무 기간을 절대 바꿀 수 없다는 입장을 고수했다. 탐사선 개발팀이 공식적으로 임무 기간을 늘리면 탐사선의 임무 목표가 된다. 목표를 달성하지 못하면 임무 실패로 여긴다는 것이다. 즉 탐사선이 1년 동안 달 궤도에서 살아남지 못하면 다누리 탐사선의 임무는 최종적 실패로 기록된다. 그만큼 임무 목표의 변경은 매우 부담스럽다. 그럼에도 탐사선 개발팀은 왜 NASA의 의견을 무시할 수 없었을까?

첫째 NASA와의 협약 때문이다. 섀도캠의 다누리 탑재는 협약을 통해 이루어졌다. NASA는 이 협약에 명시된 임무 기간 1년을 근거로 1년간 달 궤도 운영을 요구했다. 그렇지만 협약 내용이 탐사선 개발팀이 NASA의 요구를 들어줄 수밖에 없었던 결정적 이유는 아니라고 생각된다. 보다 중요한 이유는 NASA와의 원만한 협력이 꼭 필요하기 때문이다.

국제 우주탐사 분야에서 NASA의 영향력은 절대적이다. NASA의 도움 없이 우주탐사를 원활하게 수행하기 어렵다. 그 이유는 뜻밖에도 지상 시설, 바로 안테나 때문이다. 탐사선을 운영하기 위해 가장 중요한 것은 통신이다. 통신은 탐사선의 탑재체들이 수집한 정보를 전달하고, 탐사선을 제어하는 데 쓰이므로 통신이 안 되면 탐사선을 운영할 수 없다. 탐사선과 연락이 끊기면 탐사선의 위치도 알 수 없다. 우주공간에서 탐사선의 움직임은 매우 안정적이고 균일해서 계산을 통해 추적할 수 있지만, 오랜 시간 통신 두절이 누적되면 계산에서 포함하지 못했던 외력에 의해 궤도가 예측값과 달라질 수 있다. 그래서 탐사선을 운영할 때 가장 곤란한 순간이 통신이 두절될 때다.

우리나라도 다누리 사업을 시작하는 동시에 다누리와 통신할 수 있는 안테나를 경기도 여주시에 설립했다. KDSA Korea Deep Space Antenna다. 그런데 안테나 하나로는 탐사선과 통신을 유지하기 어렵다. 지구가 자전하므로 탐사선과 통신할 수 있는 시간이 제한된다. 통신은 전파를 이용하는데, 이 전파는 빛이라서 지구를 통과

하지 못한다. 다시 말해 안테나 위치에서 탐사선이 보여야 통신할 수 있다. 따라서 탐사선과 통신하려면 우주의 어디든 24시간 통신할 수 있는 안테나가 전 세계 곳곳에 설치돼 있어야 한다. 전 세계에서 이를 충족하는 국가는 미국뿐이다. DSN Deep Space Network이라고 부르는 심우주 통신망 덕분이다. DSN은 70미터 크기의 접시 안테나 세 개와 이를 보조하는 34미터 크기의 안테나를 여럿 운영하는 거대 통신망이다. 70미터 크기의 주 안테나는 미국의 골드스톤, 스페인의 마드리드, 호주의 캔버라에 설치돼 있다. 안테나는 우주를 3등분해 관측할 수 있는 위치에 있어 서로 120도씩 떨어져 있다. 그래서 탐사선이 어디에 있든 최소 한 개의 안테나와는 통신이 유지된다.

우리가 미국의 심우주 통신망을 이용하지 않고 다누리를 운영하려면 어려움이 크다. 우선 우리나라에서 달이 보이는 시간에만 통신을 시도할 수 있다. 안테나의 위치에 따라 다르지만 최대 8~9시간 정도 가능하다. 다누리는 달 궤도선이라서 달 주위를 두 시간마다 한 바퀴씩 돌다 보니 하루의 절반은 달의 뒤편에 위치하고 있다. 이때는 지구에서 달이 보인다 해도 다누리가 달 뒤편에 숨어 있어 통신을 할 수 없다. 달이 보여도 통신할 수 있는 시간은 실질적으로 그 절반이다.

문제는 이뿐만이 아니다. 다누리와 통신하기 위해서는 다누리의 안테나와 지상국의 안테나가 서로 정렬되어 있어야 하는데, 다누리의 안테나는 지향 각도에 제한이 있어 지상과 통신할 수 있는 탐사선의 자세가 정해져 있다. 한마디로 굉장히 제한적으로만 통신할 수 있다. 미국의 DSN을 사용하고 있는 지금도 다누리와 통신할 수 없는 조건이 생겨서 관측 자료를 생성하지 못하는 일이 매달 일어난다. 그래서 미리 통신 가능한 시간대를 고려해 임무를 수립한다. DSN을 사용하는 상황에서도 다누리를 온전히 사용할 수 없는데, DSN이 없다면 통신 시간은 지금의 3분의 1도 안 될 것이다.

　재미있는 점은 DSN은 비용을 지불한다고 해도 사용할 수 없다는 것이다. 독점적 지위를 가지는 시설이기에 비싸게 돈을 받으며 장사할 법하지만, 미국은 그렇게 하지 않는다. 사용 조건이 있다면 DSN을 사용하기 위해서는 반드시 미국과 협력해야 한다는 것이다. 달리 말해 다른 나라의 우주탐사 임무에 미국이 관여할 수 있다는 의미다. 미국은 다른 나라에 DSN을 사용하도록 해주는 대신 자국의 과학탑재체를 실어달라고 요구하는 경우가 많다. 섀도캠도 그렇다. 인도의 달 탐사선 찬드라얀에도 미국의 과학탑재체 M3Moon Mineralogy Mapper(엠큐브라고 읽는다)가 실렸다. 미국은 이 같은 방식으로 우주탐사 분야에서 자국의 영향력을 확대하는 데 DSN을 전략적으로 사용하고 있다. 개발팀은 섀도캠의 요구를 받아들여 탐사선 개발팀이 다누리의 임무 기간을 원래대로 1년을 보장하는 것으로 최종 확정했다.

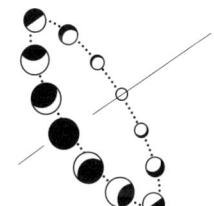

시험
넘어 시험

우주탐사용 탑재체는 발사 전에 완벽한 상태가 되어야 한다. 탑재체에 이상이 발견되어도 다시 가져와 수리하거나 우주에서 수리할 수도 없다. 이런 문제를 예방하기 위해 우주탐사기기는 최대한 지상에서 무수히 많은 시험을 거친다. 기기의 기능, 성능, 특성을 파악하기 위한 시험뿐만 아니라 우주에서 발생할 수 있는 여러 이상 상황을 상정하여 시험한다.

기능 시험은 기기가 가진 기능을 하나하나 조합해 시험한다. 폴캠은 카메라의 노출 시간, 게인, 센서의 읽는 위치 변경 같은 조절 기능이 있다. 이 기능을 모든 경우의 수에서 실험한다. 카메라의 노출 시간은 0.000132초에서 0.03366초까지 조절할 수 있는데, 모든 게인 값에서 노출 시간을 변경해가며 데이터를 얻어야 한다. 또 폴캠은 카메라가 두 대이므로 양쪽 카메라 다 동일한 실험을 반복해야 한다. 모든 기능의 조합을 시험하는 이유는 기능들이 조합되었을 때 이상 현상이 발생할 가능성이 크기 때문이다. 각각의 기능이 정상적으로 작동하더라도 조합되었을 때 오작동하는 경우는 일상에서도 흔히 볼 수 있다. 예를 들어 Wi-Fi를 사용하는 컴퓨터에서 무선 이어폰을 사용할 때 소리가 간헐적으로 끊기는 현상이 발생한다. Wi-Fi와 블루투스 무선 이어폰의 통신 간섭으로 인해 Wi-Fi를 이용한 인터넷 연결도 불안정해질 수 있기 때문이다.

우주탐사기기에서도 이와 비슷한 일이 종종 일어난다. 폴캠의 경우 고해상도 모드에서 카메라 1과 카메라 2를 다 켜면 카메라 1번 센서의 일부가 오작동한다. 전자부 연구진은 고해상도 모드에서 관측에 사용되는 센서의 픽셀 수가 증가하면서, 연산 처리 장치가 처리해야 할 자료의 양이 많아져 과부하가 발생한다고 추정했다. 어차피 폴캠은 양쪽 카메라를 고해상도로 다 사용하는 운영을 하지 않는다. 다누리가 처리할 수 있는 데이터의 총량이 엄격히 제한되어 있어 폴캠에 허용된 데이터 총량인 하루 1기가바이트까지만 쓸 수 있다. 한쪽 카메라만 고해상도로 운영하려고 해도 운영 시간을 4분의 1로 줄여야 한다. 양쪽 카메라를 고해상도로 관측하는 경우는 애초부터 운영 개념에 포함되지 않았다.

실제로 사용하지 않을 기능까지 시험하는 이유는 기기의 오작동 상황을 찾아 원인을 분석하고, 수정하기 위해서다. 오작동 상황을 알면 원인을 찾기 쉽고, 원인을 찾는 과정에서 미처 알지 못했던 오류를 발견하기도 한다. 대부분은 오작동 원인을 찾아 해결할 수 있지만, 원인을 찾지 못하거나 해결 방법을 알 수 없는 경우도 있다. 이때는 오작동의 분류에 따라 처리 방법이 달라진다.

오작동은 주요 문제major issue와 사소한 문제minor issue로 나뉜다. 주요 문제는 기기의 운영에 심각한 영향을 주며, 꼭 수정해야 한다. 심한 경우 기기를 전부 다시 설계해야 할 때도 있다. 사소한 문제는 기기의 운영 목표에 큰 영향을 주진 않지만, 의도하지 않은 상황이 발생하는 경우를 뜻한다. 사소한 문제는 우선순위가 낮아서 다른 주요 문제를 먼저 처리한 뒤 해결한다. 우주탐사 탑재체는 로켓 발사 일정이 계약으로 정해져 있기 때문에 사소한 문제는 감수하고 일정을 맞춰야 할 때도 있다.

폴캠에도 사소한 문제가 있다. 폴캠은 완전한 암실에서는 작동하지 않는다. 카메라에 빛이 들어오는 환경에서는 모든 기기가 정상적으로 작동하지만, 빛이 들어오지 않으면 카메라가 작동하지 않는다. 쉽게 이해되지 않았다. 지금까지 사용해온 카메라 모두 암실에서도 잘 작동했다. 그러나 폴캠은 이상하게도 빛이 없는 상태에서는 작동하지 않는다. 전자부 연구팀의 의견에 따르면 오프셋offset 조절 과정에서 발생하는 문제로 보인다. CCD의 오프셋은 CCD 센서에 빛이 없을 때에도 나타나는 신호 값을 제거하기 위해 설정한 값이다. 만약 빛이 없을 때에도 신호 값이 100씩 기록되는 CCD에서 오프셋을 100으로 설정한다면 빛이 없을 때 0으로 기록되어 직관적으로 신호를 구분할 수 있고, 생성되는 데이터의 양도 효율적으로 관리할 수 있도록 해준다. 전자부 연구팀은 이 문제를 사소한 문제로 분류하고, 수정하는 데 큰 노력을 들이지 않았다. 기기를 수정할 시간이 충분했다면 고쳤겠지만, 다른 중요한 문제들을 우선 처리하느라 후순위로 밀렸다. 이 문제는 발사할 때까지 수정되지 못했다. 지금도 폴캠은 빛이 없는 상태에서는 작동하지 않는다. 한 가지 다행스러운 점은 폴캠은 달 표면을 촬영하는 것이 목표라서 빛이 없는 상황에서는 운영하지 않으므로 이 문제는 운영에 중대한 영향을 주지 않는다는 것이다.

우리는 폴캠의 특성을 인식하고 문제가 발생할 수 있는 상황을 피하려고 노력했다. 주요 문제든 사소한 문제든 인식하고 수정하려면 기기를 제작한 후 이를 모든 상황에서 시험해야 하기 때문에 많은 시간이 필요하다. 2020년 여름 처음으로 폴캠의 기능과 성능을 실험할 수 있었다. 이때부터 폴캠의 본격적인 성능 검증 시험이 시작되었고, 이 기간 동안 대부분의 시간을 청정실에서 보냈다.

우주탐사기기는 아주 높은 수준의 청결과 제어된 환경을 유지해야 한다. 먼지 같은 오염물질로부터 기기를 보호해야 하며, 온도와 습도를 적절히 유지해야 한다. 정전기가 생길 수 있는 환경인지도 고려해야 한다. 이 모든 점을 따져서 우주탐사기기는 청정실에서 제작하고 보관한다. 일반적으로 청정실은 공기 중 먼지의 양에 따라 등급을 나눈다. 주로 ISO 14644-1과 미국 연방 표준인 US FED-STD-209E를 기준으로 등급을 나누다가 미국 연방 표준은 2001년에 국제 표준 등급인 ISO로 대체되면서 공식 제외되었다. 하지만 우리는 여전히 미국 연방 표준을 사용하는데, 등급 기준이 직관적이고 협력하는 미국 기관에서 많이 사용하기 때문이다.

미국 연방 표준 등급은 클래스 1, 클래스 10, 클래스 100 등으로 정의된다. 여기서 클래스class는 1세제곱피트ft^3(약 30.48세제곱센티미터) 공간 안에 0.5마이크로미터㎛보다 큰 먼지가 몇 개인지를 나타낸다. 클래스 1은 1세제곱피트 안에 0.5마이크로미터보다 큰 먼지가 한 개, 클래스 100은 100개가 있다는 의미다. 우주탐사기기를 조립하고 보관하는 청정실은 클래스 10,000 이하로 유지된다. 일반 사무 공간이 클래스 1,000,000에서 10,000,000 정도라는 점을 고려하면, 청정실은 사무 공간보다 100배에서 1,000배 더 깨끗한 공간이다. 우주로 발사하는 비행 모델은 더 엄격한 환경에서 조립하고 시험하는데, 이때는 클래스 1,000 정도를 사용한다.

청정실의 등급을 유지하려면 높은 성능의 헤파필터가 항상 작동해야 하며, 청정실 내부의 압력을 높게 유지함으로써 외부 먼지가 유입되지 않도록 해야 한다. 청정실에 들어오는 사람은 방진복과 전용 모자, 마스크, 장갑, 신발을 착용해야 한다. 클래스 10,000 정도의 청정실에서는 방진 가운 정도만 착용해도 문제없지만, 더 높은 등급에서는 전신 방진복을 입어야 한다. 이 경우 얼굴에서 눈만 외부에 노출되며, 사람을 구별하기 어렵고 시야도 제한된다. 게다가 모든 장비가 정전기 방지 기능을 갖추고 있어 스마트폰 터치가 작동하지 않아 답답하다. 그럼에도 나는 청정실에 있는 것을 좋아했다.

나는 심각한 비염 환자이기 때문이다. 먼지와 습도에 민감해서 먼지가 많은 환경이나 습도가 급변하면 콧물이 멈추지 않는다. 더

군다나 알레르기성 비염의 특효약인 항히스타민제 부작용으로 인해 약을 복용하지 못한다. 약을 먹으면 극심한 무기력증이 찾아와 거의 침대에만 누워 있어야 한다. 바쁠 때는 코 밑이 빨개질 때까지 닦아내며 일한다. 그래서 항상 비염 증상이 갑작스럽게 나타날까 불안하다. 청정실에서는 그런 걱정이 없다. 비염 증상이 시작될 때 얼른 청정실로 가면 증상이 잦아들어서 치료제처럼 활용하기도 했다. 그래서 나는 청정실에서 실험하는 것을 좋아했다. 그 일이 있기 전까지는.

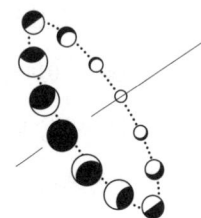

우주로 간 나의 DNA

2020년 10월 즈음이었다. 폴캠의 납품 기한인 12월까지 얼마 남지 않은 상황이라 막바지 시험에 여념이 없었다. 그날은 전날 시험 결과 데이터를 연구실 책상에서 분석하고 있었다. 시험 결과가 안정적으로 나오고 있어 일정을 맞추는 데 문제없다고 생각했다. 그런데 아무런 전조도 없이 비염 증상이 시작되었다. 보통 급한 일을 하고 있을 때는 증상을 무시한 채 일을 계속하고, 비교적 급하지 않을 때는 청정실에 가서 비염 증상을 완화시키며 필요한 시험을 했다. 이번에는 어차피 해야 할 시험이 남아 있었기에 비염 증상을 완화할 겸 하던 일을 멈추고 청정실로 갔다.

청정실의 전실에 도착해 방진 신발과 방진복으로 갈아입은 다음 마스크, 모자, 장갑을 착용했다. 폴캠이 세팅된 광학 테이블로 가서 시험 준비를 시작했다. 비염 증상이 심해져 연신 재채기가 나왔다. 비말이 튈 것 같아 마스크를 하나 더 착용한 뒤 광원의 밝기를 조절하며 폴캠의 센서 반응도를 측정했다.

청정실에 들어와 시험을 계속했는데도 비염 증상은 나아지지 않았다. 청정실은 비염 증상을 완화시켜주지만 증상이 심할 때는 오히려 불편하기도 하다. 청정실에서는 먼지가 많이 생기는 일반 티슈를 사용할 수 없어 꽤 비싼 청정실 전용 광학용 티슈를 써야 한다. 더욱이 마스크를 두 겹 착용하고 있어 마스크를 벗고 티슈를 쓰기도 번거로웠다. 착용 중인 장갑이 오염될 수 있기 때문에 마스크를 만지는 일도 피해야 했다. 콧물이 계속 흘러 불편했지만 시험에 집중하려고 노력했다.

시험할 때는 기기의 설정값 조절과 기록을 철저하게 해야 한다. 설정값을 조절하다 오류가 발생하면 분석에 큰 지장이 생긴다. 기기의 설정값을 조정하고, 시험 기록지에 변경된 설정값과 기기의 소모 전류, 온도 등을 기록하며 간단한 결과를 수기로 작성했다. 설정값은 주로 16진수로 이루어져 있어 혼동하기 쉬웠다. 오류를 방지하기 위해 집중한 다음부터 비염 증상도 조금씩 잦아들었다.

폴캠의 1번 카메라 시험이 끝나고 2번 카메라를 시험하기 위해 일어났다. 카메라를 고정한 볼트를 풀어 다른 카메라가 광원을 보게 하려면 깊숙한 쪽 볼트를 풀어야 했다. 몸을 숙이던 중 마스크에서 무언가 주룩 하고 흘러내렸다. 순간 몸이 굳었다. 아래를 보니 마스크를 타고 콧물이 폴캠의 비행 모델 안쪽으로 스며들고 있었다. 당황한 나는 폴캠의 전원을 분리하고 광학용 티슈와 알코올을 가져와 닦아냈다. 하지만 복잡한 구조 안쪽으로 스며든 부분은 닦아낼 수 없었다. 상황을 파악한 뒤 시스템 엔지니어인 문봉곤 박사님에게 연락해 상황을 설명했다. 박사님이 급히 달려와 상태를 확인했다. 다행히 전자 기판 쪽까지는 침투하지 않았고, 알루미늄 케이스 내부와 틈새만 오염된 상태였다. 작동에 이상이 생긴다면 수억 원의 비용이 추가되고 수개월의 일정이 연기되는 상황이 벌어질 것이다. 콧물 때문에 회의가 열렸다. 최영준 박사님과 문봉곤 박사님, 나 이렇게 셋이 콧물 문제로 모여 앉았다. 비염 증상으로 시작된 현재 상황과 마스크 안에 고인 콧물이 흘러내린 경위를 설명하며 자괴감이 몰려왔다. 두 분은 침착하게 오염 부분을 다시 확인하고 기능 시험을 진행하자고 했다.

폴캠을 분해하여 내부를 꼼꼼히 점검하고 클리닝 작업을 진행한 뒤 다시 조립했다. 조립 후 각종 케이블을 연결하고 전원을 입력했다. 모든 연결 상태를 점검한 다음 심호흡을 한 후 떨리는 마음을 안고 폴캠을 가동했다. 기본적인 기능 검사를 마치고 모든 기능이 정상 작동하는 것을 확인했다. 최영준 박사님과 문봉곤 박사님에게 결과를 알리자 그럴 줄 알았다는 듯 반응했다. 살면서 흘린 콧물 중 가장 위험한 콧물이었다. 자칫하면 수억 원을 날릴 뻔했다.

다시 한번 폴캠을 꼼꼼하게 살폈다. 폴캠의 알루미늄 케이스 틈새나 전자 기판을 고정하는 볼트 구멍까지 완벽히 닦아냈을지 의문이 들었다. 압력이 극도로 낮은 우주에서는 이런 이물질이 쉽게 기화된다. 압력이 낮아지면 끓는점이 낮아지기 때문이다. 그래서 가스를 분출할 수도 있다. 물론 매우 소량이기 때문에 실제로 영향을 줄 정도는 아닐 것이다. 우주탐사기기는 밀봉해두면 내부 압력이 증가해 폭발할 위험이 있으므로 내부에서 생성된 가스가 빠져나갈 수 있도록 구멍을 만들어둔다. 소량의 가스가 분출된다 하더라도 우주공간 밖으로 배출될 터였다.

폴캠이 우주에서 오작동해 원인을 분석하게 된다면 이번 일을 조사할까? 혹시라도 주요 원인 가운데 하나로 밝혀진다면 과학기술정보통신부의 인사가 '연구자의 콧물 때문'이라고 대국민 발표라도 하는 건 아닐까? 몰려온 취재기자들 앞에서 고개를 숙이고 "콧물을 흘려서 죄송합니다"라며 대국민 사과를 하는 상상을 했다.

미국에서는 우주탐사기기에 주요 개발자의 흔적을 남기는 사례가 많다. 플레이트에 이름과 사인 등을 각인한다. 외부에서 잘 보이지 않는 곳에 넣기도 하고, 역사적 의미가 있으면 외부에 부착하기도 한다. 수년간 고생한 연구자들에게 소속감과 자부심을 심어주는 좋은 전통이다. 다누리에는 이런 계획이 없어 아쉬웠지만 나는 더 특별한 것을 남겼다. 콧물은 기본적으로 몸속 미생물과 점막 세포가 섞인 액체다. 어쩌면 나의 점막 한 조각이 폴캠 어디엔가 묻어 있거나 나의 DNA가 남아 있을 가능성도 있다. 만약 우주로 간 폴캠이 임무를 마치고 수만 년간 우주를 떠돌다 외계인에게 발견된다면 어떨까? 외계인들이 폴캠에서 내 DNA를 발견할 수 있을까? 그들은 폴캠을 통해 오래전에 멸종한 인간이라는 지적 생명체의 흔적을 찾고, 이를 바탕으로 지구를 찾아올 수도 있지 않을까?

나의 DNA가 폴캠이나 다누리에 남아 있더라도 오랜 시간이 지나면 우주방사선에 의해 모두 파괴되어 DNA로서의 기능을 잃을 것이다. 외계인이 폴캠을 발견하더라도 DNA를 온전하게 복원하지는 못할 것이다. 설령 그들이 뛰어난 기술로 DNA를 발견한다 해도, 그 형태가 불완전하니 인간을 복제하는 일은 불가능하다. 수만 년 뒤에 다시 태어날 걱정은 하지 않아도 되니 다행이다.

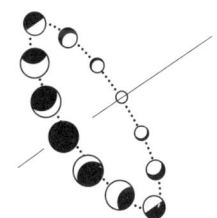

6년에 걸친
폴캠 개발의 끝

과학탑재체의 모든 개발 과정이 끝나면, 위성에 조립하기 위해 과학탑재체 비행 모델을 위성 개발기관에 인계한다. 이 과정을 납품이라고 한다. 납품 과정은 무척 복잡하다. 우선 인계하는 모든 부품을 납품용 전용 상자에 넣기 직전 모든 각도에서 사진을 촬영한다. 납품 전 물품의 상태를 기록하고, 이동 중이나 납품 후 보관 기간 동안의 변화를 추적하기 위해서다.

납품용 전용 상자는 완전히 밀봉되는 상자로, 청정실에서 닫은 후에는 위성 개발기관의 청정실에서만 열 수 있다. 중간에 충격이 가해지거나 물품의 변화가 감지된다 하더라도 외부 공기로 인해 오염될 수 있기 때문에 함부로 열면 안 된다. 상자에는 과학탑재체 비행 모델뿐 아니라 인수인계서, 물품 리스트, 사용 매뉴얼, 납품 직전 촬영한 사진, 충격 감지 센서 시트impact label, 습도 카드 등 각종 문서도 함께 넣는다. 특히 흥미로운 장치는 충격 감지 센서 시트다. 종이 형태의 이 장치는 가운데에 얇은 튜브 모양의 충격 센서가 달려 있다. 제품 운송과 취급 과정에서 발생하는 충격을 감지해 시각적으로 표시해준다. 일정 수준 이상의 충격을 받으면 센서의 중앙에 있는 백색 튜브가 적색으로 변하므로 제품이 손상되었

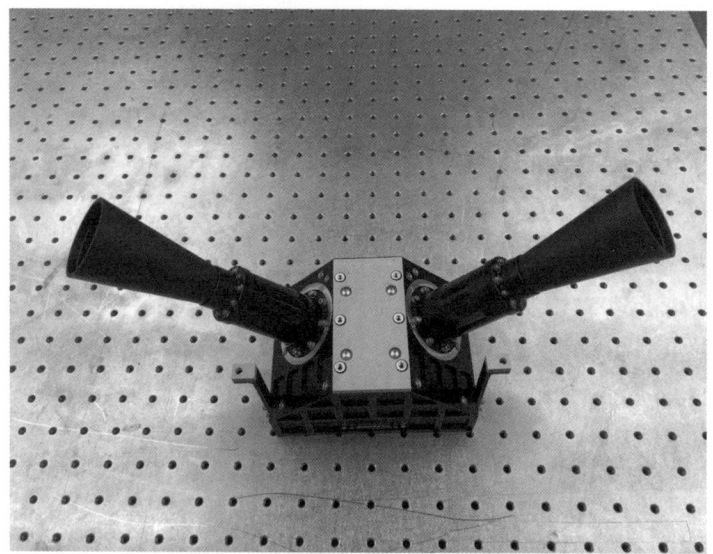

◎ 한국천문연구원에서 개발한 폴캠

세계 최초의 달 궤도 편광카메라로 독특한 구조와 새로 도입한
색/편광 필터 시스템을 가지고 있다. 45도 간격으로 양옆을 관측하는
독특한 두 대의 카메라는 편광이라는 특성을 더욱 잘 이해하기 위해 설계되었다.

출처: 한국천문연구원

을 가능성을 쉽게 확인할 수 있다.

　운송 과정에서의 충격은 생각보다 크다. 충격량은 가속도G-force 값으로 나타내며, 지구의 중력가속도를 기준으로 1G, 2G와 같이 표시한다. 충격 감지 센서 시트는 설정된 방향으로 설정값 이상의 가속도가 발생하면, 튜브 안의 변색 물질이 흘러나와 색이 변한다. 폴캠의 납품용 상자에는 5G 센서 시트와 10G 센서 시트를 동봉해 운송했다. 자동차를 타고 포장도로를 저속으로 운전할 경우 0.5G에서 0.8G 정도의 충격을 받는다. 5G는 꽤 강한 충격처럼 보이지만, 실제로는 포장 상태가 불량한 도로나 포트홀, 방지턱을 지날 때 생길 수 있는 충격이다. 이런 충격을 막기 위해 경우에 따라 저진동 차량을 이용해 운송한다. 도로를 지나다 보면 간혹 '저진동 차량, 저속 운전 중'이라는 문구를 뒤에 붙인 화물차를 볼 수 있다. 충격에 약한 물품들은 이런 차량을 이용해 배송한다.

우리는 항우연에 납품하기 위해 모든 준비를 마친 후 문봉곤 박사님의 개인 차량으로 이동하기로 했다. 우리가 자주 다니던 길이었기 때문에 도로 상태를 잘 알고 있어 돌발 상황이 생기지 않을 것이라 판단했다. 방지턱이 없는 도로를 이용하기 위해 평소 이용하던 지름길 대신 멀리 돌아서 항우연으로 갔다. 최영준 박사님, 문봉곤 박사님, 내가 함께했고, 차량 뒷좌석에 스펀지를 깔고 폴캠의 납품 상자를 올린 뒤 고정 장치와 안전벨트로 단단히 고정했다. 나는 혹시나 하는 마음에 폴캠 상자 옆에 앉아 손을 올리고 이동했다. 차량은 아주 저속으로 운행했기 때문에 평소 15분이면 도착할 거리를 25분 정도 걸려 도착했지만, 체감상으로는 훨씬 더 오래 걸린 것 같았다.

항우연 청정실에 도착해 바로 폴캠 납품 상자를 개봉했다. 충격 감지 센서 시트와 습도 카드를 확인하고, 납품 전 사진과 물품의 상태를 비교해 이상이 없음을 확인했다. 이후 문서에 서명하고 폴캠을 인계했다. 모든 절차를 마친 뒤 기념사진을 촬영하고 나니 한 시간이 흘렀다.

 6년간의 폴캠 개발 과정이 마침내 완료되었다. 모든 것이 끝났으며, 이제 내가 할 일은 기다리는 것뿐이라는 생각이 들자 이상한 감정이 밀려왔다. 학생으로 시작해 박사가 되기까지, 한 명의 개인에서 5인 가족의 가장이 되기까지 짧지 않지만 결코 길지도 않은 이 과정이 의미 있게 느껴졌다. 만약 나라는 사람이 책이라면 이 순간이 한 챕터의 마지막일 터였다. 폴캠은 세계 최초로 개발된, 그야말로 맨땅에서 시작해 완성된 과학탑재체. 참고할 만한 유사 과학탑재체가 없어서 개발 과정에서 숱한 어려움과 자주 마주쳤다. 폴캠은 말 그대로 눈물과 콧물을 쏟아부은 과학 연구 탑재체다(콧물은 실제로 묻었다). 대한민국의 우주탐사 역사 측면에서도 폴캠은 중요한 전환점에 해당한다. 갑작스럽게 시작된 달 탐사 계획부터 다누리 탐사선의 개발을 완료하기까지 숱한 일이 벌어졌다. 다누리 탐사선의 개발 총책임자가 세 번이나 바뀌었고, 발사 일정도 여러 차례 연기되었다. 이 임무에 참여한 사람들은 반드시 성공해야 한다는 압박감과 사명감으로 가득 차 있었다. 대부분은 실패하면 다음 기회는 없을지도 모른다는 데 생각이 같았다.

 폴캠 개발 과정에서 서로 의견 충돌도 빈번했다. 모든 참여자가 자신의 일에 자부심을 느꼈고, 더 잘하고 싶은 마음에 감정이 개입되기도 했다. 늦은 밤까지 실험해 얻은 결과를 새벽에 이메일로 보내면, 곧바로 답장이 오곤 했다. 상대방 역시 새벽까지 일하고 있었던 것이다. 적은 인원으로 구성된 우리 폴캠 팀은 최선을 다했다고 자신 있게 말할 수 있다. 지금 다시 한다면 이보다 잘할 수 있겠지만, 이보다 더 열심히 할 수 있을지는 확신할 수 없다. 우리는 가진 모든 것을 쏟아부었고, 그 결과물이 바로 폴캠이다.

그 모든 과정이 이제 끝났다.

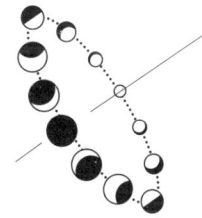

폴캠을 무사히 보내기 위한 최종 리허설

아니, 끝나지 않았다. 2020년 12월 우리는 폴캠을 항우연에 전달했다. 한 달 정도 지나 연말과 연초의 어수선한 분위기 속에서 항우연으로부터 연락이 왔다. 폴캠을 설치하기 전 테스트 베드test bed 시험을 지원해달라는 요청이었다.

테스트 베드는 과학탑재체를 다누리에 설치하기 전에 모든 과학탑재체와 다누리의 중앙 통제 시스템을 결합해 시험 운행해보는 것을 말한다. 각기 다른 개발기관에서 만들어진 과학탑재체와 위성 본체의 중앙처리장치 간 통신 결합interface이 정의된 대로 잘 작동하는지 확인하기 위한 과정이다. 또 각 과학탑재체 사이에 일어나는 전기통신상의 간섭 현상 등도 조사한다. 위성에 결합한 후에는 다시 분해하기 어렵고 시간이 오래 걸린다. 그래서 문제가 발생했을 때 대처하기 빠르고 쉬운 테스트 베드에서 시험하는 것이다. 테스트 베드에서 모든 작동·기능 시험을 끝낸 다음 비로소 위성체에 결합된다.

테스트 베드는 아주 넓은 판에 위성에 결합되는 형태 그대로 과학탑재체와 시험할 전자기기들을 결합해두고 기능 시험을 수행한다. 모든 기기는 실제 위성에 결합할 설계도와 동일하게 결합하고, 각 전자기기들끼리 연결해주는 하네스harness의 길이까지 동일하다. 가능한 탑재체끼리의 물리적인 거리 역시 비슷하게 결합하려고 노력한다. 한마디로 종합시험이다. 물론 3차원 형태인 위성체가 아니라 넓은 판 위에 결합하므로 완벽히 구현할 수는 없다. 그렇지만 최대한 실제와 같은 상태로 만들어 시험한다.

그동안 각 과학탑재체들을 개별적으로 컴퓨터와 연결하여 수행한 모든 시험을 위성체의 컴퓨터를 통해 다시 시험한다. 이때 과학탑재체를 테스트 베드에 결합하는 것부터 하네스로 위성체의 중앙통제장치에 연결하는 것까지 과학탑재체 개발팀에서 담당한다. 결합하는 과정에서 혹시 기존 방식과 다르게 결합할 경우 생기는 문제를 방지하기 위해 과학탑재체 개발기관에서 직접 와서 테스트 베드와 결합시키는 것이다.《탑재체 핸드북》이 이미 항우연에 전달돼 있었지만, 탑재체 개발기관이 직접 결합하는 게 위험을 줄이는 더 확실한 방법이다. 핸드북은 일종의 탑재체 사용 매뉴얼로, 탑재체 사용에 관한 정보가 세세히 기입되어 있다. 핸드북에는 탑재체를 만질 때 어디를 잡아야 하고 어떤 곳은 만지면 안 되는지 같은 취급 주의사항, 결합할 때 볼트를 어떤 강도로 조립해야 하는지 각 볼트의 위치별 토크 값, 위성체에 조립할 때 어떤 순서로 해야 하는지 같은 설명이 적혀 있다. 또 탑재체를 보관할 때 적정 온도·습도, 진동환경도 기술되어 있다. 다시 말해《탑재체 핸드북》은 과학탑재체 개발기관이 탐사선 개발기관에 인계한 탑재체가 손상되지 않도록 하는 주의사항과 사용 방법을 포함하고 있다고 보면 된다. 폴캠 역시 우리 팀에서 테스트 베드에 연결했고, 시험에 함께 참여했다.

테스트 베드 시험은 개별 탑재체 기능 시험, 통합 탑재체 기능 시험, 리허설 순으로 진행된다. 개별 탑재체 기능 시험은 위성의 중앙처리컴퓨터를 통해 탑재체가 정상적으로 작동하는지 시험한다. 이때 나머지 탑재체들은 전원이 꺼진 상태이며, 탑재체의 기능이 하나하나 정상적으로 작동하는지 본다. 모든 탑재체가 각각 정상적으로 기능하면 두 개 이상의 개별 탑재체를 동시에 운영하는 환경에서 같은 시험을 반복한다. 개별 탑재체 사이에 간섭이 생기는지 확인하는 통합 탑재체 기능 시험이다. 마지막 리허설은 달 궤도에서 작동하는 것처럼 운영 시나리오와 동일하게 실험한다. 예를 들어 달의 극지방에 진입한 것을 가정하면 미국의 섀도캠이 켜지고, 달의 낮 지역으로 오면 폴캠이 켜지고, 중간에 고해상도카메라가 켜지는 식이다. 실제 달 궤도에서 작동하는 방식을 그대로 모사하여 실제 운영할 때 어떤 문제가 생길 수 있는지 사전에 점검하는 방법이다. 이 시험들은 생각보다 오랫동안 수행된다. 운 좋게 리허설 시험 때만 잘 작동할 수도 있으니 여러 번 반복하기 때문이다.

테스트 베드 시험이 완료되면 비로소 탐사선과 과학탑재체를

◎ 청정실에서 폴캠을 조립하는 모습

결합한다. 이 작업도 상당히 오래 걸린다. 부품 하나하나, 과학탑재체 하나하나를 핸드북에 나오는 순서대로 세심하게 조립해야 한다. 또 부품별로 볼트의 결합 강도가 달라서 결합 규격에 맞게 조절하며 결합해야 한다. 실수하면 안 되니 모든 과정마다 여러 번의 확인 절차를 거친다.

탐사선과 과학탑재체의 조립이 완료되면 완전한 탐사선의 형태로 기능 시험을 수행한다. 테스트 베드에서 했던 시험을 반복하며, 조립 과정에서 발생할 수 있는 문제나 위성에 결합되었을 때 생길 수 있는 문제 등을 검토한다. 모든 기능이 정상 작동하는 것을 확인한 다음에는 운영 시험으로 넘어간다.

운영 시험은 한마디로 우주로 쏘아 올린 탐사선을 운영하는 연습이다. 이 과정에서 발생할 수 있는 문제를 미리 파악하고 해결하는 것이 목표다. 탐사선 발사부터 달 궤도에 진입할 때까지의 주요 과정을 나누어 연습한다. 로켓이 탐사선을 우주로 보내는 발사 과정에서는 탐사선이 개입할 수 없다. 로켓 발사 과정은 최근 높은 성공률을 보이지만, 언제나 실패할 가능성이 있다. 2021년에만 인류는 146개의 로켓을 발사했고, 그 가운데 열한 번은 실패했다. 성공률은 92퍼센트로 준수하지만, 약 열두 번 가운데 한 번은 실패하고 있는 셈이다. 그래서 우주탐사의 첫 번째 환호성은 여전히 로켓 발사가 성공했을 때 나오며, 로켓을 발사할 때에는 모든 역량이 로켓 발사에만 집중된다. 혹시라도 발생할 수 있는 간섭을 막기 위해 탐사선의 전원은 완전히 꺼져 있다.

    탐사선 운영은 로켓이 지구 저궤도에 진입하여 탐사선이 분리되면서부터 시작된다. 운영 시험도 이때의 상황부터 시작된다. 탐사선이 로켓과 분리되고 전원을 켜는 것부터 시작해 하나씩 기능을 활성화하며, 모든 기능이 정상적으로 활성화될 때까지의 과정을 반복 시험한다. 그다음 탐사선이 달 전이궤도로 오르는 과정, 달 전이궤도에서 달 궤도에 진입하고 임무 궤도에 안착할 때까지의 모든 과정을 여러 번 시험한다. 이 과정만 해도 거의 1년 6개월 동안 수행했다.

    모든 준비를 마친 다누리는 2022년 7월 5일, 미국 케이프 커내버럴 우주군 기지에 이송하는 것으로 확정되었다. 다누리 탐사선 개발팀은 조촐한 기념식을 가졌다. 서로를 격려하고 축하하며 방진복을 입고 청정실에 들어가 다누리 앞에서 기념사진을 찍었다. 다누리는 태양전지판이 접힌 채 높은 천장의 넓은 청정실 공간 한가운데에 놓여 있었다. 운송용 팔레트 위에 놓인 약 2미터 높이의 다누리는 문서에 쓰여 있는 크기보다 훨씬 거대하게 느껴졌다. 검은색 단열재MLI, Multi-Layer Insulation에 싸여 있어 청정실의 밝은 공간과 대비되어 더욱 도드라져 보였다.

    우리 팀은 폴캠이 설치된 패널 방향으로 갔다. 우리가 탑재체 패널이라고 부르던 패널로, 미국의 섀도캠을 제외한 모든 탑재체가 부착되어 있다(섀도캠은 길이가 길어 측면에 부착되었다). 폴캠은 탑재체 패널의 가운데에서 약간 상단 부분에 부착되어 있다. 폴캠은 보이지 않도록 패널 안쪽에 설치되어 있어 카메라 렌즈 부분만 일부 밖으로 튀어나와 있었다. 밖으로 노출된 부분은 주의 깊게 보지 않으면 찾기 어려울 만큼 작았다. 지름 약 4센티미터의 원뿔형 구조물이 일부분만 튀어나와 있기 때문이다. 폴캠의 렌즈 부분은 레드캡 red cap으로 덮여 있었다. 레드캡은 발사 전까지 오염이나 손상을 방지하기 위해 덮어놓는 뚜껑으로 발사 직전까지 덮어놓는다. 위성에 부착된 상태로 발사되는 부품이 아니라서 쉽게 구별할 수 있도록 붉은색으로 만든다. 일단 레드캡이 잘 붙어 있는지, 폴캠이 설치된 위치나 방향은 올바른지 다시 한번 확인했다. 이미 여러 번 확인했지만 습관적으로 문제될 만한 것이 있는지 육안으로 검사했다. 우주로 발사되면 더 이상 손댈 수 없기 때문에 확인 또 확인하는 것이 습관이 되어버렸다. 지금의 모습이 폴캠과 다누리의 마지막 모습이다. 우주로 발사되고 나면 다누리는 자신의 존재를 오직 전파로만 전달할 수 있다. 한없이 고요한 우주 속에서 홀로 생존을 외치고 있을 것이다. 태양의 강력한 방사선과 섭씨 영하 270도의 혹한 속에서 초속 1,600미터(달 표면 기준)로 달 주위를 돌며 말이다.

완벽히 준비된 다누리의 마지막 모습을 두 눈에 담았다.

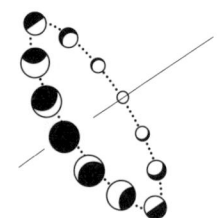

긴장 속 발사

2022년 8월 5일. 역사적인 다누리의 발사일이 결정되었다(처음에는 8월 3일이었지만 스페이스X의 요청으로 연기). 발사체는 스페이스X의 팰컨 9, 발사 위치는 미국 플로리다주의 케이프 커내버럴 우주군 기지 Space Launch Complex-40 발사장이다. 케이프 커내버럴 우주군 기지는 원래 공군 기지였다. 2020년 미국이 우주군을 창설하면서 공군 관할에서 우주군 관할로 변경되었다. 케이프 커내버럴은 달 탐사와도 깊은 인연이 있는 지역이다. '인류의 거대한 도약'이라 불리는 닐 암스트롱의 첫 발자국이 바로 이곳에서 시작되었다. 케이프 커내버럴에는 NASA의 케네디우주센터도 있다.

이 지역에는 약 30여 개의 발사장이 위치해 있는데, 대부분 우주군 기지가 관할하고 일부는 케네디우주센터에서 관할한다. 두 기관은 발사장이 인접해 있어 지도상으로 보면 마치 하나의 기관처럼 보인다. 이렇게 가까운 곳에 두 기관의 발사장이 위치한 이유는 지형적, 지리적 이점 때문이다. 케이프 커내버럴은 미국에서 적도에 가까운 지역이고 동쪽으로는 대서양이 있어 발사하기 좋다. 적도에 가까울수록 지구의 자전 속도를 최대한 활용할 수 있고, 동쪽에 바다가 있으면 발사에 실패했을 때 발사체가 바다로 떨어져 안전상 유리하다.

우리나라는 전라남도 고흥군의 나로우주센터에서 발사를 진행하는데, 이곳 역시 한반도의 남쪽 끝자락에 위치하며 바다로 둘러싸여 있다. 우리나라는 일본이 있는 동쪽으로 발사할 수 없다. 발사체가 일본에 추락할 위험이 있기 때문이다. 또 우주발사체는 미사일과 기술적으로 유사하므로 다른 나라의 상공을 통과하면 외교적 문제가 발생할 수 있다. 이로 인해 우리나라는 지구의 자전 속도를 최대한 활용한 효율적인 발사가 어렵다. 다른 우주 강국들과 비교하면 지리적 위치가 불리하다.

발사 현장에는 가지 못했다. 본래 나도 최영준 박사님, 김성수 교수님과 함께 발사 현장에서 기기 상태 점검 등을 수행할 예정이었다. 현장이 우주군 기지인 만큼 출입 전 신원 확인 절차까지 완료했다. 그러나 갑자기 출입 인원이 바뀌면서 국내에서 온라인으로 대응하는 것으로 변경되었다. 발사체가 발사되는 웅장한 모습을 현장에서 직접 볼 수 없어 무척 아쉬웠다. 대신 내게 다른 기회가 왔다. 다누리의 발사 일정이 확정되자 각종 미디어에서 연락이 오기 시작했다. 신문, 과학 유튜브 채널, 방송사 등 다양한 매체에서 출연과 인터뷰 요청이 이어졌다. 처음에는 발사 후 긴박한 초기 운영 때문에 생방송 출연을 고사했다. 그러나 발사 후 운영 시나리오를 검토한 결과 출연해도 괜찮겠다는 생각이 들었다. 발사체를 발사한 후 한동안은 폴캠 팀에서 특별히 대응할 일이 없었기 때문이다.

과학탑재체는 발사체가 발사되고 위성이 활성화될 때까지 임무가 없다. 특히 카메라인 폴캠은 위성이 자세 제어를 할 수 있는 시점까지 활성화될 수 없다. 자세 제어가 되어야 관측 목표를 정확히 지향할 수 있기 때문이다. 위성이 자세 제어가 가능한 시점이 되어도 탐사선의 태양전지 패널을 태양 쪽으로 향하게 하는 것이 더 중요하므로 과학탑재체의 기능 시험은 후순위로 진행된다. 발사 후 폴캠은 다누리가 지구 저궤도에 진입해 전체 기능 점검을 할 때, 전원을 한 번 켜서 상태를 확인하는 임무만 할당되었다. 폴캠이 정상 작동하는지, 살아 있는지만 확인하면 된다.

때마침 〈SBS 뉴스 특보〉의 발사 현황 생중계에 출연하게 됐다. 생방송이라서 적잖이 긴장할 것 같았는데, 막상 방송 스튜디오에서는 전혀 그렇지 않았다. 화면에 나오는 윗옷만 정장을 입고 있던 기자 때문인지도 몰랐다. 난생처음 하는 생방송이었음에도 나는 올림픽 결승전에 임한 양궁 선수처럼 평온함마저 느끼고 있었다. "들어갑니다. 3, 2, 1." PD의 짧은 신호와 함께 생방송이 시작되었다. 인사와 함께 짧은 소개를 지나 앵커의 멋진 목소리로 방송이 부드럽게 진행되었다. 발사가 임박해오자 점점 긴장되기 시작했다. 발사가 성공해야 한다는 초조함 때문이었다. 긴 시간의 노력이 한순간의 발사 실패로 좌절될 가능성만큼 초조하게 만드는 일은 없었다. 발사 직전 반듯함의 표본 같은 뉴스 앵커가 정확한 발음으로 "우주

◎ 스페이스X의 팰컨 9에 실린 다누리가 발사되는 역사적인 순간

출처: 스페이스X

탐사는 어떻게 진행되나요?" "오랜 시간 준비하셨는데 긴장되시겠습니다." 같은 질문을 했지만, 귀에 들어오지 않았다. 나의 뇌는 완벽하게 분할되어 한쪽은 뉴스 앵커와 기자의 질문에 답변하면서도 다른 한쪽은 발사 생중계 화면에서 눈을 떼지 못했다.

마침내 카운트다운이 시작되었고, 예상과 다르게 시간은 느리게도 빠르게도 흐르지 않았다. 건조하고 무심하게 10초가 흘렀다. 팰컨 9이 불을 뿜는 순간 귀가 빨갛게 될 정도로 뛰던 심장이 최고조에 달했다. 그 순간에도 앵커의 질문이 계속되었고, 또 하나의 나는 무슨 말을 하는지도 모른 채 답변하고 있었다. 팰컨 9이 성공적으로 발사되어 지구 저궤도에 오를 때까지 30여 분간의 생중계가 끝났다. 방송이 끝나자마자 다누리 운영팀의 채팅방을 확인했다. 방송 중에 발사체 발사와 위성 분리까지 모두 성공한 사실을 확인한 덕분에 마음이 한결 가벼웠다. 채팅방에는 다누리 운영팀의 상태 확인 결과에 관한 공지가 계속 올라왔고, 다누리는 모든 기능이 정상적으로 작동하고 있었다.

다누리의 상태 체크가 종료되자 긴장 속에서 안도의 한숨을 내쉬었다. 대한민국과 나의 우주탐사 여정은 이제 막 첫 번째 관문을 통과했을 뿐이다. 폴캠의 상태는 아직 확인되지 않았기에 긴장을 늦출 수 없었다. 폴캠 점검은 가장 후순위에 배정되어 상태 확인이 늦어지고 있었다. 방송을 마치고 집으로 돌아오는 길에도 폴캠의 사인은 확인되지 않았다. 시간이 멈춘 듯 길게 느껴졌다.

다른 기기의 정상 작동 공지가 하나씩 올라오는 동안에도 폴캠의 상태 체크가 이루어지지 않았다는 사실이 머릿속에서 떠나지 않았다. '혹시 문제가 있으면 어쩌지?' 하는 불안이 마음 깊은 곳에서 조용히 솟구쳤다. 한 번 솟구친 불안은 꼬리에 꼬리를 물고 이어졌다. '레드캡은 잘 떼었나?' '케이블 연결에 이상은 없겠지?' '상태 확인 명령에 오타는 없었을까?' '다른 기기는 다 잘 작동하는데, 폴캠만 작동하지 않으면 어떡하지?' 시간이 흐를수록 긴장감은 더해졌다. 폴캠은 이제 단순한 기계가 아니라 나의 시간과 꿈이 투영된 우주탐사의 깃발이었다. 다누리의 성공 소식에 다들 축하를 나눌 때 나는 여전히 딱딱한 표정으로 대기하고 있었다. 스스로 쿨하게 기다리고 있다고 생각했지만, 가족들이 나에게 말을 걸지 않는 것을 보니 전혀 그렇지 않았던 모양이다.

그때 짧은 글이 채팅방에 올라왔다. "폴캠 텔레메트리 전송. 확인 바람." 폴캠에서 생산한 자료가 지상국으로 전송되었다는 뜻이다. 1차로 안도했다. 일단 폴캠의 전원이 정상적으로 켜졌다는 의미였다. 얼른 이메일을 확인해 지상국에서 전달된 자료를 확인했다. 원래는 지상국의 자료 전달 시스템으로 받아야 하지만, 초기 운영 단계에서만 신속한 대응을 위해 이메일로 자료를 전송받기로 했다. 지상국 시스템은 자료를 업로드한 뒤 검증하는 과정을 거쳐야 하므로 다운로드까지 시간이 오래 걸린다. 새 이메일들 가운데 나는 빠르게 지상국에서 온 메일을 찾아 자료를 다운로드받았다. 폴캠의 상태를 확인하는 SOH 텍스트 파일과 과학 자료였다. 우선 SOH 파일을 열어 확인했다. 폴캠의 소비 전력, 작동 온도, 현재 작동 모드 등 주요 기록 값이 모두 정상이었다.

모든 것이 정상임을 확인하자 마침내 나의 시야도 정상으로 돌아왔다. 그제야 멀리서 나를 지켜보고 있던 아내가 보였다. 내가 미소를 보이자 아내도 웃으며 말했다.

"잘 됐어?"

"응."

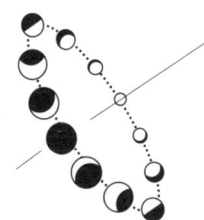

First light, 찐빵?

우주공간에서 움직이는 탐사선이 목표에 도달하기까지 몇 번의 고비가 있다. 우주에서 움직이는 물체는 한 번 움직이고 나면 외부에서 힘이 가해지지 않는 한 속도를 계속 유지하는 등속운동을 한다. 물체가 외부 힘을 받지 않는 한 현재의 운동 상태를 계속 유지한다는 뉴턴의 제1법칙인 관성의 법칙에 따른 것이다. 우주공간에서는 공기저항이나 마찰 같은 외력이 없어 우주 물체는 초기 궤적을 따라 계속 움직인다. 탐사선도 한 번 궤도에 오르면 한동안 연료를 사용하지 않고 그 상태를 유지한다. 연료 소모를 최소화하기 위해 설계된 궤적과 우주공간의 운동 방식 때문이다. 그러나 탐사선이 안정적으로 움직이는 것은 설정된 궤도 내에서만 가능하다. 목표 지점으로 나아가거나 궤도를 변경하려면 추진력을 사용해 방향을 조정해야 한다. 이 과정은 외부에서 힘을 가하는 행위로 탐사선의 운동 상태가 변화한다. 정밀하게 계산하지 않으면 궤도를 벗어나거나 목표를 놓칠 위험이 크다. 특히 한 번 궤도를 벗어나면 원래 궤도로 되돌리는 데 상당한 연료가 소모된다. 따라서 탐사선이 궤도를 바꾸는 순간이 가장 중요한 고비다.

다누리도 이런 고비를 여러 번 맞이했다. 운영팀 전체가 긴장하는 순간이다. 첫 번째 고비는 발사 후 지구 저궤도 진입 단계다. 이 단계에서 탐사선이 안정적으로 궤도에 진입해야 이후의 모든 계획이 가능해진다. 두 번째 고비는 달로 향하는 전이궤도에 진입하는 단계다. 달 중력권에 도달하기 위해 정밀한 계산과 추진력이 필요하다. 마지막 고비는 달 궤도에 진입하는 단계다. 궤도 진입 과정에서 달의 중력을 이용하면서도 지나치게 끌려가지 않도록 속도와 방향을 한 치의 오차도 없이 조정해야 한다. 이 세 단계는 탐사선의 목표 달성을 위해 반드시 넘어야 할 중요한 순간이다.

다누리는 그 모든 고비를 완벽히 넘기며 해냈다. 보통 목표 궤도로 전환할 때 한 번에 이루어지지 않고, 크게 전환한 후 궤도에서 벗어난 정도를 확인해 다시 미세 조정을 하는 경우가 많다. 그러나 다누리는 지구에서 달까지 거의 미세 조정이 필요하지 않을 정도로 완벽하게 궤도를 전환했다. 덕분에 만약의 사태에 대비해 준비해둔 연료를 절약할 수 있었고, 달 궤도에서 더 많은 임무 기간을 확보하게 되었다. 우주탐사 선진국인 미국에서도 찾아보기 힘든 사례다. 달 궤도에 진입할 때까지 운영팀이 마음을 졸일 필요가 없었다.

폴캠의 퍼스트 라이트는 달 전이궤도상에서 이루어졌다. 다른 탐사기기들의 관측이 모두 끝난 후 마지막 순서로 진행되었다. 폴캠의 퍼스트 라이트는 지구에서 약 70만 킬로미터 정도 떨어진 지점에서 이루어졌다. 퍼스트 라이트 치고는 매우 늦게 이루어진 편이다. 11월 28일 월요일, 발사 후 약 4개월이 지난 시점이었다. 우리는 폴캠이 지구를 떠난 직후부터 관측을 수행하고 싶었다. 그러나 폴캠의 관측은 위성의 자세 제어가 필요하기 때문에 운영팀에 부담을 줄 수 있었다. 다누리는 처음으로 지구를 벗어난 대한민국 위성이다. 운영팀에 추가적인 부담을 줄 수는 없었다. 그래서 달 궤도에 안착하기 전까지는 폴캠이 정상적으로 작동하는지 확인하는 기기 점검만 수행했다. 다누리가 달 전이궤도에 안정적으로 진입하자 다누리의 위치 확인과 상태 점검 말고는 큰 조작이 필요하지 않은 운영팀에 여유가 생겼다. 다음 기동(위성을 움직이는 것)을 준비하며 점검할 것이 많았지만, 이전보다 상대적으로 여유로웠다.

우리는 역사적인 폴캠의 퍼스트 라이트를 요청했고, 위성 운영팀도 이를 흔쾌히 받아들였다. 첫 관측을 위해 카메라의 설정값을 면밀히 검토했다. 발사 전 폴캠은 실험실에서 수많은 실험을 거쳐 적절한 설정값을 미리 계산해두었다. 이 설정값들은 달 관측을 기준으로 결정되었다. 하지만 폴캠의 퍼스트 라이트는 달이 아닌 지구를 향한 관측, 정확히는 지구와 달을 함께 촬영했다.

지구는 달보다 약 세 배 이상 밝기 때문에 카메라의 설정이 꽤 바뀌어야 했다. 달 궤도에서는 위성이 달 표면 위를 미끄러지듯 이동하므로 별도의 기동 없이도 자연스럽게 표면을 스캔하며 관측할 수 있다. 그러나 우주공간에서 지구를 관측하려면 카메라의 스캔 레이트scan rate에 맞춰 위성을 기동해야 한다. 쉽게 말해 위성을 정

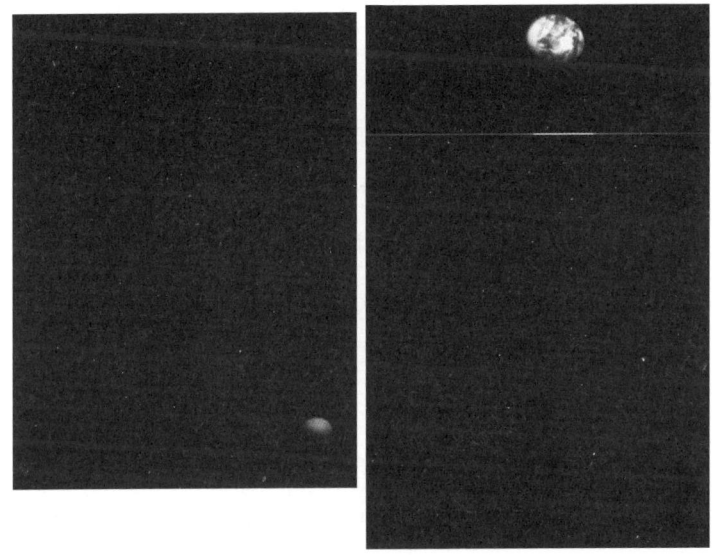

◎ 마치 찐빵처럼 생긴 달이 찍힌 폴캠의 퍼스트 라이트

확한 속도로 정확한 위치를 지향하며 움직이게 해야 지구를 제대로 스캔할 수 있다.

　나는 지구의 적정 노출 시간을 계산하고 이에 맞는 스캔 레이트를 계산했다. 지구가 완벽한 모습으로 촬영될 수 있도록 말이다. 그런데 계산 결과 달 궤도에서 사용되는 스캔 레이트와는 크게 다른 값을 설정해야만 지구를 원래 모습대로 촬영할 수 있었다. 우주탐사기기는 매우 민감해서 최적화되지 않은 설정값을 사용하면 오류가 발생할 가능성이 있다. 그렇다고 검증된 달 궤도의 스캔 레이트를 사용하면 위성이 기동하는 속도와 카메라 셔터의 속도가 맞지 않아 지구가 찐빵처럼 찌그러진 영상으로 나올 터였다. 완벽한 지구의 모습을 촬영할 것인가, 안정적으로 카메라의 작동을 확인할 것인가 하는 선택의 기로에 놓였다. 잠시 고민하다 첫 촬영부터 무리수를 둘 수 없었기에 스캔 레이트는 기본값을 사용하기로 했다. 적정 노출 시간과 스캔 레이트를 설정한 뒤 다누리 운영팀과 협의해 퍼스트 라이트를 수행했다.

다누리 운영팀으로부터 지정된 시간에 절차대로 관측이 진행되고 있다는 연락을 받았다. 관측 자료가 위성에서 지상국으로 전송된 다음에는 텔레메트리telemetry(위성으로부터 원격으로 수신한 원시 자료)를 분해하고 원하는 자료로 변환하며, 자료에 이상이 없는지 검증하는 과정이 필요하다. 위성 관측 자료는 지상국에서 자료를 수집할 수 있는 시간이 되어야 받아볼 수 있다. 자료 수집은 지상국 안테나의 일정, 위성의 위치와 자세, 그리고 배터리 상태에 따라 결정된다. 다누리는 NASA의 DSN과 경기도 여주시의 KDSA를 통해 자료를 다운로드받는다. DSN은 하루 약 16시간 동안 다누리와 접속할 수 있지만, 다른 탐사선들과도 통신해야 하므로 일정이 아주 빡빡하다.

운 좋게도 폴캠의 퍼스트 라이트 자료는 관측한 날 저녁에 받아볼 수 있었다. 가족과 함께 저녁을 먹던 도중 운영팀에서 자료가 전송되었다는 연락을 받았다. 먹던 저녁을 내버려두고 곧바로 컴퓨터 앞에 앉았다. 운영팀에서 온 이메일에는 폴캠의 원시 자료가 첨부되어 있었다. 나는 즉시 다운로드받아 자료 처리 서버에 업로드한 다음 처리 코드를 가동했다. 코드가 돌아가는 짧은 시간 동안 긴장된 마음으로 모니터를 응시했다. 관측 시간이 너무 짧아서 긴장된 마음을 진정시킬 틈도 없이 자료 처리 완료 메시지가 떴다. 곧바로 이미지를 열어보니 우주의 어둠 속에 지구와 달이 찐빵 모양으로 환히 빛나고 있었다. 지구로부터 70만 킬로미터 떨어진 거리에서 폴캠이 보내온 첫 신호가 내 컴퓨터 모니터에 처음으로 나타났다. 당연히 폴캠이 잘 작동할 것이라 믿었지만, 실제로 확인하니 발사가 성공한 후에도 마음 한편에 남아 있던 작은 걱정이 드디어 해소되었다.

달 사진 도착! 2번 카메라의 이상?

다누리가 달에 도착하기 3일 전, 다누리 운영팀과 탑재체 운영팀 다 분주했다. 다누리가 달 궤도에 진입하기 전 마지막 고비를 앞두고 있었기 때문이다. 다누리는 지구와 태양 사이의 라그랑주점까지 150만 킬로미터 이상 여행한 후, 달에 접근해 달의 중력에 포획되어 고도 100킬로미터의 원궤도로 진입해야 했다. 달의 중력에 포획되려면 역추진으로 위성의 속도를 줄여야 한다. 이때 감속이 부족하면 다누리는 달을 지나쳐 우주공간으로 날아가 버린다. 그렇게 되면 다누리는 영영 달에 도달할 수 없다. 다누리에 탑재된 연료는 다시 달 방향으로 돌아올 만큼 충분하지 않다. 반대로 감속을 너무 많이 하면 달 표면에 충돌할 위험이 있다. 아주 정밀한 계산과 제어가 필요한 과정이다.

달 궤도 진입과 동시에 폴캠의 운영도 계획되어 있었다. 폴캠으로 달 표면 영상을 처음 촬영하는 것이다. 우리는 폴캠의 두 카메라를 모두 가동해 달 표면을 촬영할 계획을 세웠다. 예상 궤적과 자세를 토대로 폴캠의 운영 시간을 설정하고 관측 모드를 준비하며, 다누리의 달 임무 궤도 진입을 기다렸다. 다들 긴장했지만 이전의 궤도 변경을 완벽히 수행했기에 다누리가 성공할 것이라는 분위기였다.

다누리는 마지막 난관을 단번에 멋지게 통과했다. 예상 궤적대로 달 궤도에 진입한 다누리는 폴캠의 관측도 동시에 수행했다. 폴캠의 자료는 곧바로 나에게 전달되었고, 자료 처리 결과 달의 첫 영상을 얻을 수 있었다. 폴캠은 예상한 위치에서 예상한 관측 정밀도로 달 표면을 정확히 촬영해 자료를 보내왔다. 이번에는 달 궤도 속도에 맞춰 영상을 촬영했기 때문에 찌그러진 영상이 아닌 정상적인 비율의 달 영상을 얻을 수 있었다.

첫 영상 촬영 후 다누리 운영팀은 계획된 사전 임무 기간을 수행하겠다고 공지했다. 사전 임무 기간은 정상 임무 전에 기기가 정상 작동하는지 점검하는 기간으로, 다양한 설정값으로 기기를 시험한다. 통상 한 달 정도 진행되며, 점검이 완료되면 곧바로 정상 운영을 시작한다.

폴캠은 사전 임무 기간 동안 전자부 기능 점검, 자료 전송 무결성 확인, 광학계 성능 점검, 자료 처리용 자료 획득을 수행할 계획이었다. 우선 전자부 기능 점검을 할 때 일부 카메라 설정값에서 카메라가 작동하지 않는 문제가 발견되었다. 그러나 카메라가 기본적으로 동작하며 모든 명령에 적절히 반응하고 있으니 큰 문제가 아니라고 판단했다. 전자부 책임자도 이는 별문제가 아니라는 의견을 전해왔다. 관측된 영상에서 자료가 손실되거나 손상되는 현상은 없었고, 모든 정보를 정상적으로 전송하고 있었다.

다음은 광학계 성능 점검을 수행했다. 목표 지역을 관측한 영상을 심층 분석하며, 카메라의 시야, 신호 대 잡음비, 영상 초점 위치의 정밀도 등 여러 항목을 확인했다. 우리는 앞선 시험에서 두 카메라가 잘 작동했기 때문에 문제가 없을 것이라 판단했다. 일반적으로 광학계의 문제는 쉽게 육안으로 확인할 수 있어 퍼스트 라이트에서 이미 찾아냈을 가능성이 높았다.

우리는 지구와 달을 관측한 기록을 바탕으로 폴캠이 완벽히 작동한다고 믿어 의심치 않았다. 그러나 우주는 결코 만만하지 않았다. 지상에서 수백 번, 수천 번 시험했음에도 우주는 쉽게 허락하지 않았다.

1번 카메라와 2번 카메라를 점검하던 중 2번 카메라의 영상에서 이상이 발견되었다. 1번 카메라가 선명한 달 표면 영상을 보여준 것과 다르게 2번 카메라의 해상도는 약 280미터로 81미터 해상도를 보여준 1번 카메라보다 현저히 낮았다. 실험실과 지구 관측에서는 확인할 수 없던 문제였다. 혹시나 하는 마음으로 지상에서의 실험 데이터를 다시 확인했지만, 실험실 자료에서는 이런 현상이 나타나지 않았다. 나는 즉시 최영준 박사님에게 이 사실을 알렸고 비상대책회의가 열렸다. 공학팀이 문제의 원인을 파악하기 시작했으나 40만 킬로미터 떨어진 달의 카메라를 직접 확인할 수는 없었다. 공학팀은 발사 중 진동으로 인해 센서 앞단의 필터 뭉치 위치가 틀어졌을 가능성을 조심스럽게 제시했다.

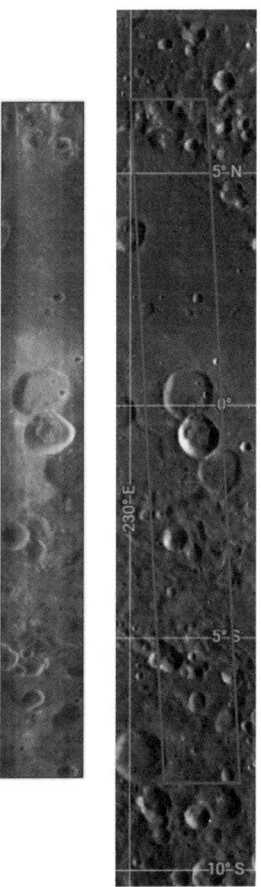

🌙 다누리 폴캠이 촬영한 첫 달 표면 영상(왼쪽)

의도한 관측 지역이 잘 촬영됐는지 확인하기 위해 일본의 달 탐사선 셀레네의
관측 영상(오른쪽)과 비교한 결과, 위치 확인과 기능 시험을 위한 촬영이므로
폴캠 영상에 잡음이 있는 것을 알 수 있다.

출처: 한국천문연구원

이미 벌어진 일을 되돌릴 수 없기에 과학팀은 1번 카메라만으로 임무를 수행할 경우 어떤 영향을 미칠지 검토하기 시작했다. 다행히 우리는 카메라 이상에 대비한 시나리오를 발사 전에 미리 모의 시험한 덕분에 빠르게 결론을 낼 수 있었다. 폴캠은 하나의 카메라만으로도 목표 임무를 거의 완벽히 수행할 수 있다. 임무 중 카메라 고장에 대비한 방편은 없어졌지만, 우리는 예정대로 정상 임무에 진입했다.

폴캠의 상태는 확인했고, 이제 과학 자료를 받아 분석하는 일만 남았다. 한국의 역사적인 첫 달 탐사선은 성공적으로 달에서 작동했다. 이는 우리나라 과학 발전에 큰 영향을 줄 것이다. 실제로 우리나라 우주탐사 분야의 위상은 다누리 이전과 이후로 크게 달라졌다. 지구를 벗어나 과학 탐사선을 달까지 보낸 나라는 전 세계에서 단 7개국뿐이다. 달까지 갈 수 있는 기술력을 보유했다는 것은 태양계 어디든 탐사선을 보낼 역량을 가졌다는 것이다. 더군다나 우리는 달 전이궤도를 이용해 지구의 중력을 완전히 벗어난 위치까지 경험했기에 심우주탐사에도 크게 기여할 수 있을 것이다. 대한민국도 드디어 우주로 뻗어나갈 수 있는 기술력을 보유한 나라가 되었다.

폴캠은 다누리가 더 이상 작동하지 않을 때까지 매일 달 표면의 편광 사진을 전송할 것이다. 그리고 우리는 폴캠이 보내오는 과학 자료를 통해 신이 우주에 감춰둔 진실을 하나씩 찾아낼 것이다.

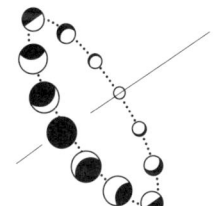

달 탐사를 넘어

다누리가 성공적으로 발사되고 달에서 작동하고 있는 지금, 우리나라의 우주탐사 인프라는 눈부시게 발전했다. 이 프로젝트에 처음 참여할 당시 국내에는 달 과학 박사학위자가 없었고, 천문연에는 행성과학 그룹조차 존재하지 않았다. 최영준, 문홍규, 정민섭으로 구성된 단 세 명의 그룹이 급하게 조직됐다. 관련 부서조차 없는 상황에서 큰일을 할 수 없었기 때문이다. 천문연의 다른 그룹이 평균 20명 내외의 연구원을 보유하고 있음을 고려하면 그룹이라는 이름조차 민망할 정도였다. 그러나 2025년 현재 행성탐사센터에는 30명의 젊고 활발한 연구원이 활동하고 있다 (당시에는 조직이 '그룹' 단위였는데 지금은 '센터'라는 단위로 바뀜). 인적 인프라의 폭발적인 확장을 보여주는 사례다.

이뿐만이 아니다. 폴캠을 개발하던 당시에는 모든 것이 처음이었다. 달 궤도선용 광학계 개발도 처음이었으며, 달 궤도용 편광카메라 개발은 전 세계적으로도 시도된 적이 없다 보니 선진국의 성공 모델을 참고할 수도 없었다. 또 지구자기장을 벗어난 환경에서 전자장치를 작동시키는 일 역시 국내에서는 처음이었다. 그야말로 모든 것이 처음이었다.

달 과학 분야는 불모지에 가까웠다. 2012년 내가 국내 학회에서 달 과학 연구 결과를 발표할 때만 해도 80명 규모의 강의장에 청중은 단 세 명이었다. 지금은 항상 두 개 이상의 달 과학 세션이 열리며, 매번 20여 명의 발표자가 활발히 연구 결과를 발표하는 가장 주목받는 분야가 되었다. 초기 달 과학 해외 학회에서 한국인은 손에 꼽을 정도였지만, 이제는 세계 최대 달 과학 학회에서 다누리 과학 연구 세션이 따로 열릴 만큼 우리 위상이 확장되었다.

우리나라는 세계에서 일곱 번째로 달에 위성을 보낸 국가가 되어 우주탐사 경쟁에 본격적으로 뛰어들었다. 정부는 이에 발맞춰 NASA 같은 우주탐사 전담 기관인 우주항공청을 개청하며 본격적인 우주탐사 시대의 문을 열었다.

산업계의 발전은 더욱 눈부시다. 다누리 사업 초기에는 우주용 탑재체를 다뤄본 경험이 있는 국내 산업체가 손에 꼽을 정도로 적었다. 지금은 우주 발사체와 달 탐사 로버를 독자적으로 개발하는 스타트업들이 생겨났고, 국내 대기업들 또한 우주산업에 적극 뛰어들고 있다. 다누리를 통해 우리나라의 우주탐사 생태계는 수많은 인적·물적 씨앗을 뿌렸다. 그러나 이 씨앗들이 온전히 싹을 틔워 나라를 지탱하는 큰 고목으로 성장하려면 많은 관심과 노력이 필요하다. 가장 중요한 것은 지속성이다.

미국이 그 좋은 예다. 러시아와의 체제 경쟁에서 승리한 후에도 미국은 꾸준히 우주기술을 키워왔다. 아폴로 시대만큼 국가 역량을 총동원하지는 않았지만, 개발된 기술이 사라지지 않도록 지속적인 노력을 기울였다. 그 결과 미국은 압도적인 우주탐사 강국이 되었다. 어떤 국가도 우주탐사의 최전선에 미국이 있다는 사실을 부정하지 않는다.

인도는 또 다른 사례다. GDP가 우리나라의 약 12분의 1에 불과한데도 인도는 독립적인 우주 기구인 ISRO를 설립해 적은 예산으로도 꾸준히 투자를 이어갔다. 그 결과 인도는 세 번이나 달 탐사선을 보내는 성과를 거두었다. 특히 찬드라얀 1호의 M3는 달 표면에 물이 존재한다는 사실을 밝혀내어 미국의 아르테미스 계획이 인간의 달 장기 거주 가능성을 연구하는 밑거름이 되었다. 또 인도는 세계 최초로 달 남극에 착륙선을 보낸 나라가 되었다. 러시아는 반면교사다. 한때 세계 최초의 인공위성, 첫 유인 우주비행, 첫 달 탐사선 발사로 우주탐사의 선두주자였던 러시아는 아폴로 계획으로 우주 경쟁에서 밀려난 후 탐사 분야를 단절시켰다. 그 결과 2024년에는 50년 전 성공했던 달 착륙에 실패하고 말았다. 50년 전의 기술과 노하우를 가진 연구자들이 더는 없기 때문이다. 러시아는 과거에 풍부한 경험이 있었지만, 현재의 연구자들에게는 모든 것이 처음이었다.

우리는 러시아의 전철을 밟아서는 안 된다. 지금 우리가 맨땅에서 이룩한 모든 것을 허공에 흘려보내지 말아야 한다. 미국이 아폴로 시대에 했던 것처럼 국가의 모든 역량을 투입할 수 있다면 가장 좋겠지만, 우리나라처럼 작은 국가가 그렇게 하기는 쉽지 않을 것이다. 최소한 지금까지 이룩한 것을 잃지 않기 위한 지속적인 관심과 투자가 필요하다.

    나는 달 탐사선 하나 없던 나라의 달 과학자에서 달로 위성을 보낸 과학자가 되었다. 앞으로 화성, 목성, 토성, 천왕성, 해왕성에 위성을 보내는 과학자들이 계속 나오기를 바란다.

나는 달로 출근한다
다누리에 폴캠을 실어 보낸 달 과학자의 거침없는 도전기

1판 1쇄 발행 | 2025년 8월 25일
1판 2쇄 발행 | 2025년 11월 7일

지은이 | 정민섭

펴낸이 | 박남주
편집자 | 박지연
디자인 | 남희정
펴낸곳 | 플루토

출판등록 | 2014년 9월 11일 제2014-61호
주소 | 07803 서울특별시 강서구 마곡동 797 에이스타워마곡 1204호
전화 | 070-4234-5134
팩스 | 0303-3441-5134
전자우편 | theplutobooker@gmail.com

ISBN 979-11-88569-84-7 03440

- 책값은 뒤표지에 있습니다.
- 잘못된 책은 구입하신 곳에서 교환해드립니다.